貓，請多指教 4

喵喵就是正義！

Jozy、春花媽 / 著

推薦序

一起練習沒有遺憾的告別

你有學過動物溝通？那是怎麼樣啊？他們跟你說中文嗎？可以叫他不要亂叫嗎？你幫我跟我家的貓說不要亂尿尿好嗎？

不太喜歡讓別人知道我有上過春花媽的課，因為常常會是這樣的話題延伸，實在是很困擾啊！但是如果你問我喜不喜歡動物溝通？我超喜歡的！動物們每次給出的回應都讓人覺得好氣又好笑，也常常讓我感受到這世界最美好的溫暖，這就是動物溝通最迷人的地方了！

去年的三月，是我很辛苦的時候，我的污泥，離開了病痛的身體，成為了最帥的天使。在那之前，我們一起打了很漂亮的一仗，惡性腫瘤的手術，化療，還有最重要的，我們一起練習說掰掰。

每個毛孩的爸媽聽到這個，都會說自己做不到，做不到說掰掰，如果說掰掰這件事情是只要我說：「我做不到。」就不會發生的話，那我真的希望我永遠做不到，但偏偏，就算我們再怎麼一把鼻涕一把眼淚地哭著說不要掰掰，生命的逝去卻永遠不會停下。說掰掰，一向不是那麼的簡單，但是我透過動物溝通，獲得了大大的勇氣。這次大媽的新書，收錄了污泥跟我一起抗癌的故事，一起把握時間的點滴，還有最最重要的，我們一起練習說掰掰。

如果不是污泥，我可能永遠都無法當個勇敢的媽媽吧！是他的改變，讓我理解到原來自己的害怕，其實會影響到孩子，媽媽好孩子們才會好，慢慢來比較快，這兩句大媽講到我都膩了的話，真實地套用在我和污泥的故事裡，而這也讓我真正理解，什麼是圓滿與沒有遺憾的告別。一年半後的現在，哥再次華麗地衝進我的生命裡，還帶了個小跟班，我想這應該有機會出現在大媽的下一本書裡，只是想讓大家知道，這一切，有淚水，有痛，有心碎，也有無限的快樂與幸福。

最愛看大媽的漫畫了，簡單地呈現溫暖的故事，還有笑鬧的日常，孩子們的溫柔與傲嬌，也都這樣被記錄下來，總是讓我著迷地一讀再讀，噢對了，當然還有大海的蠢也是。

四狗六貓的十污麻 邵庭

推薦序

謝謝毛孩們豐富了我們的人生

嗨，大家好，我是演員盧彥澤，本身是兩隻狗狗的爸爸，姊姊叫盧筍汁、弟弟叫盧嚕米。

在我養寵物之前知道「寵物溝通」這件事，覺得有趣甚至還有些羨慕，因為聽得懂寵物的想法好酷喔！想知道牠們平常有什麼想法、會不會罵人之類的。但並沒有認真去思考，寵物溝通其實是能幫助人們與孩子們交流的善事。

等到盧筍汁到我們家裡之後，看見孩子到新環境的不適應、緊張、食不下嚥、不喝水等等的反應，讓初為犬父的我無所適從，腦海裡馬上閃過「要不要找寵物溝通？」的念頭。而這個念頭存在我的心裡很久很久，直至我養了弟弟盧嚕米之後，我還是有這個想法，卻還沒有去實行（笑）。

為什麼沒有去找呢？因為時間久了，一方面找到跟孩子們相處的模式，一方面想法也改變了，聽不聽得懂牠們的想法，突然不是那麼的重要了。可能是因為天天膩在一起，加常常吸狗吧，漸漸地發現，自然而然知道孩子們的想法，更了解到牠們很聰明、心思很細膩（有時很「奸巧」），絕對聽得懂我們說的話、也感受得到我們的意念。

當然，對牠們付出的愛，牠們一定知道。而最幸運的是，我在「養兒」的過程中體會到牠們對我們的愛很

全然、很直接、很純粹。

讀了「貓，請多指教系列」後，發現有些孩子們的反應根本就是一模一樣，閱讀的過程中常常會有「原來你們是這樣想的啊」這類的共鳴出現，爸媽的功課真的是永遠都學不完，但孩子們有各式各樣的個性，相處起來真的是很有趣！

所以現在我覺得，聽得懂當然加分，但聽不懂也是種幸福，因為人與孩子之間的愛，其實不需要言語溝通，你愛牠就抱牠、吸牠，而牠愛你，你一定會知道。

在此為各位毛孩們獻上十二萬分的感謝，謝謝你們豐富了我們的人生，讓我們感受愛的純淨。謝謝各位爸媽們，大家辛苦了！養兒過程中永遠都會有意想不到的狀況，但也永遠會有孩子們無私的溫暖。

也謝謝我們自己，若非自己起心動念想去接觸毛孩，其實不會有這些甜蜜的負擔（？），也沒辦法學習對牠們的付出，更別說體會到孩子們給我們的愛與幸福。

演員 盧彥澤

作者序

謝謝還繼續愛著我們的你

謝謝你們陪我們走到胖咪這集啊！（謎之音：下集就海廢了嗎？）

第四本了，有種回到初心的感覺，我們已經畫了要四年了，好像比較可以想像跟讀者一起變老的感覺，也是跟著貓咪一起老的感覺，覺得有點幸福，也有點害羞，真的很謝謝你們。

自我結紮（？）以來，我果然沒有再多養狗貓，主要也是因為家中的貓咪已經都超過五歲了，我們一起要中年了，然後老派的甜姐跟尊貴的曼玉二姐也讓我開始轉換很多心態。關於「老年」的變化，我經歷很多、很多的學習，這幾年，大家也在粉絲頁看我分享很多故事，也謝謝你們給我很多鼓勵，一起老就是這樣一起互相支持吧，真的很謝謝你們。

然後我想謝謝出版社的總編輯增娣跟負責我們的編輯雅芳，幾年出書下來，我除了更雞歪跟難聯絡之外，沒有什麼長足的進步，但是他們不離不棄還幫我們爭取到日文的出版！（拜託我也超想出英文版的啦，我們有英文的 IG：catsteachme_en）這世界如果有真愛，差不多就是總編輯對我們的感覺！（啾咪！）

最後要謝謝畫家跟小幫手，我甚（沒）少（有）準時交稿，但是他從來沒放過我，並且畫到手壞掉、腦袋也壞掉、但是對我還是不離不棄的督促，雖然畫家會聯合小幫手來霸凌老闆！啊啊啊！不是！是督促老闆走入

正軌，這些年，沒有他們貓漫就是一種傳說吧，謝謝你們讓我出張嘴，辛勞的都是你們，謝謝畫家，謝謝愛嬌！

謝謝所有翻開書的你，雖然我跟胖咪一樣機歪，你們還愛我們。（抖M膩？）

下一本請也多多照顧，我會把大海攤平給你們看的！

動物溝通師

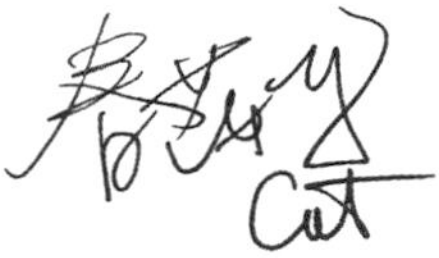

作者序

在動物溝通中學習愛與被愛

這次輪到最潑辣的 sister 胖咪堂堂登上封面了，轉眼間《貓，請多指教》就來到第四集，天啊，這真是我除了當貓奴以外堅持最久的事情了！實在很謝謝讀者們一直以來的留言回饋，與出版社工作伙伴們的陪伴支持！

而這些可愛的故事甚至在去年在日本由さくら舎（櫻花舍）出版了，這輩子實在沒想過可以在日本出版作品，拿到實體書時簡直涕淚縱橫，果然喵喵就是正義，歡迎各位把日文版介紹給你所～有～的日本朋友！

從養貓、畫貓咪漫畫以來，陸陸續續就認識了其他有動物伙伴的人們，而在這期間，有人迎接新的動物家人，也有人和毛孩離別。漸漸地我發現關於道別的主題愈畫愈多了，但這永遠是我們最無法避免也最難的課題，不論相處了多久，總是覺得時間不夠，覺得自己做得不夠好，是不是哪裡做了不對的決定……但是動物又是怎麼想的呢？

很有幸這集藉著邵庭跟污泥的故事，細細將道別的過程用圖文分享給大家。雖然早已因為看過很多春花媽溝通案例的分享，知道動物看待生死真的跟我們這些心靈脆弱的人類差很多，但真是沒想過，原來道別也是可以這樣陪伴彼此練習面對的呀。如果我們也都能學著練習，學著珍惜多過自責，相信在面臨與動物家人說再見的時候，也都能更加勇敢一些吧！

希望這些有歡笑也有淚水的人生、貓生與狗生，能給各位讀者帶來各種不同的想法，動物跟我們思考的方式實在很不一樣（吐槽的方式也是）。我常常覺得，直到接觸到了動物溝通，知道這些故事，我才真正開始學習生命教育，學習愛與被愛。

最後再次感謝出版社各位的諸多幫助，每本書都是許多人努力再努力，才能化作實體，成為大家書架上的一份子。還要感謝一路上協助腳本製作的毓軒和漓，讓我們的故事能更順暢地傳遞給讀者。期待下一本《貓，請多指教》再度與大家相會！

畫家

Jozy

目錄

002 推薦序——一起練習沒有遺憾的告別
004 推薦序——謝謝毛孩們豐富了我們的人生
006 作者序——謝謝還繼續愛著我們的你
008 作者序——在動物溝通中學習愛與被愛
012 登場角色

Chapter 1 貓，請多指教

016 小花來了1——春花詔曰
020 小花來了2——徒弟領進門
025 小花來了3——小花小煩惱
030 小花來了4——掌心的花
036 大海來了1——海海貓生
040 大海來了2——海是會害怕
044 大海來了3——怒海反撲
049 大海來了4——海式痴漢
054 大海來了5——海闊天空

Chapter 2 貓是業報還是報應？

060 春花字典1
061 春花字典2

062 硬大腸
066 打掃悲歌1——掃地機器人
067 打掃悲歌2——拖地機器人
068 裝傻不是傻
070 借物婦女
072 浮誇
073 海令進補
074 老派甜姐
076 貓狗有別
078 腹二代與腹三代
081 說誰沒人愛
084 結婚
086 虛胖
088 冷漠院長等我愛
092 正名之亂
094 春花媽有話想說：壞壞惹人愛（上）

Chapter 3 貓狗教你要乖乖！

102 萌媽寶1
103 萌媽寶2
104 我只要你
106 家教的重要
108 甜甜的愛
112 小痛
114 睡前聊天
116 愛著很好
118 愛的寂寞
120 苦苦的想念
122 春花媽有話想說：壞壞惹人愛（下）

Chapter 4 掰掰，好好再見！

132 練習說再見1——堅強的媽寶
137 練習說再見2——掰掰遊戲
142 練習說再見3——你會回來
148 春花媽有話想說：我們一起練習好好說掰掰

登場人貓介紹
春花家
弟控
萌萌(長子)
超級媽寶，媽媽的心靈綠洲
春花(二哥)
嚴師兼老闆，家中的老大
命令
師徒
春花媽(媽媽&妹妹)
動物溝通師
小花(么女)
甜美乖巧，備受哥姐寵愛
歐歐(長女)
女神級美貓，溫柔恬靜
很煩

阿咪啊(二女兒)
個性十足，最擅長嗆媽媽
曼玉(春花媽的二姐)
從高冷到融化的貴氣小姐
嗆聲
甜姐(春花媽的大姐)
春花家唯一的狗
大海(五弟)
家裡的廢物／癡漢擔當
騷擾
其他
龍龍
中獸醫院的院貓
谷柑
出過詩集的詩貓
邵庭&污泥
單戀

Chapter 1

貓，請多指教

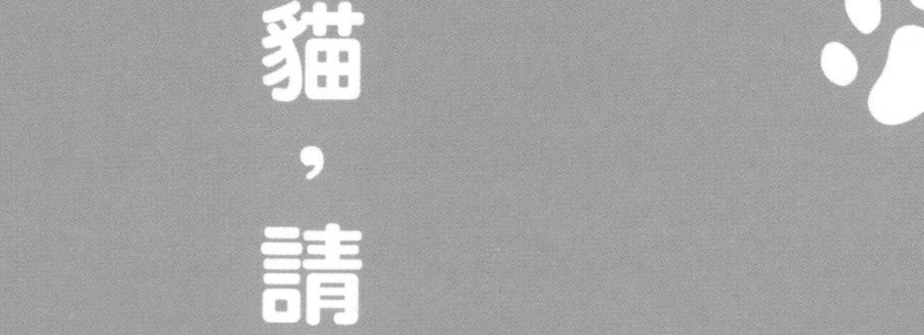

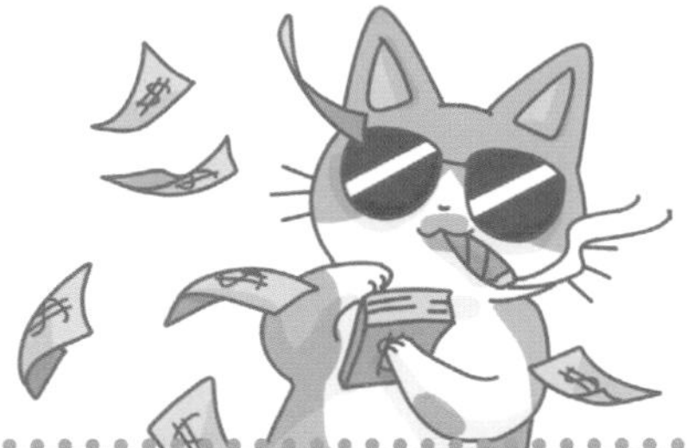

讓我們謙卑地跪下來，請求貓咪給我們吸，
如果他拒絕，記得再趴得更低一點，
因為我們是貓「奴」。

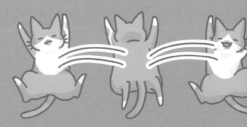

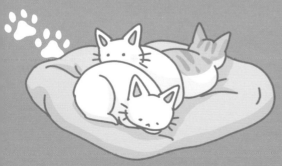

小花來了①
春花詔日
在經歷一段密集的幼貓中途日子後，家裡終於恢復了平靜。
不多不少，家裡有完美的四隻貓。
連一起睡床上空間也剛剛好的完美。
今天又是快樂的一天~
每天都是快樂的一天~
不過我家的兒老闆，似乎見不得我這麼快活……
……
我能想到最浪漫的事~
就是和你們一起慢慢變老~

欸，你！
我要收個徒弟，你去帶他回來家裡。
驚
什麼徒弟啦～亂～講～話！
哥真愛說笑～
過幾天，就會有人告訴你。
不要不要！別亂來！
你這麼懶，什麼事都要講好多遍！
我要多點幫手看、著、啊！

幾天後
春花媽，我們這裡誘捕到小貓，
狀況不是很好，都不吃，怎麼辦？
……
去，去把妹妹接回來。
另一個弟弟去靈氣老師家。
忽略忽略！
現在家裡的貓數量剛剛好啊！
轉頭
不用每次都要聽春花的吧！
踩上
……

去．把．我．妹．
接．回．來。
噫噫噫！
春花聖旨已下，我也只能照辦了。
奴才⋯遵旨⋯
就這樣，跳上往花蓮的火車，
我要去把春花的「妹妹」帶回家。
嗚嗚⋯

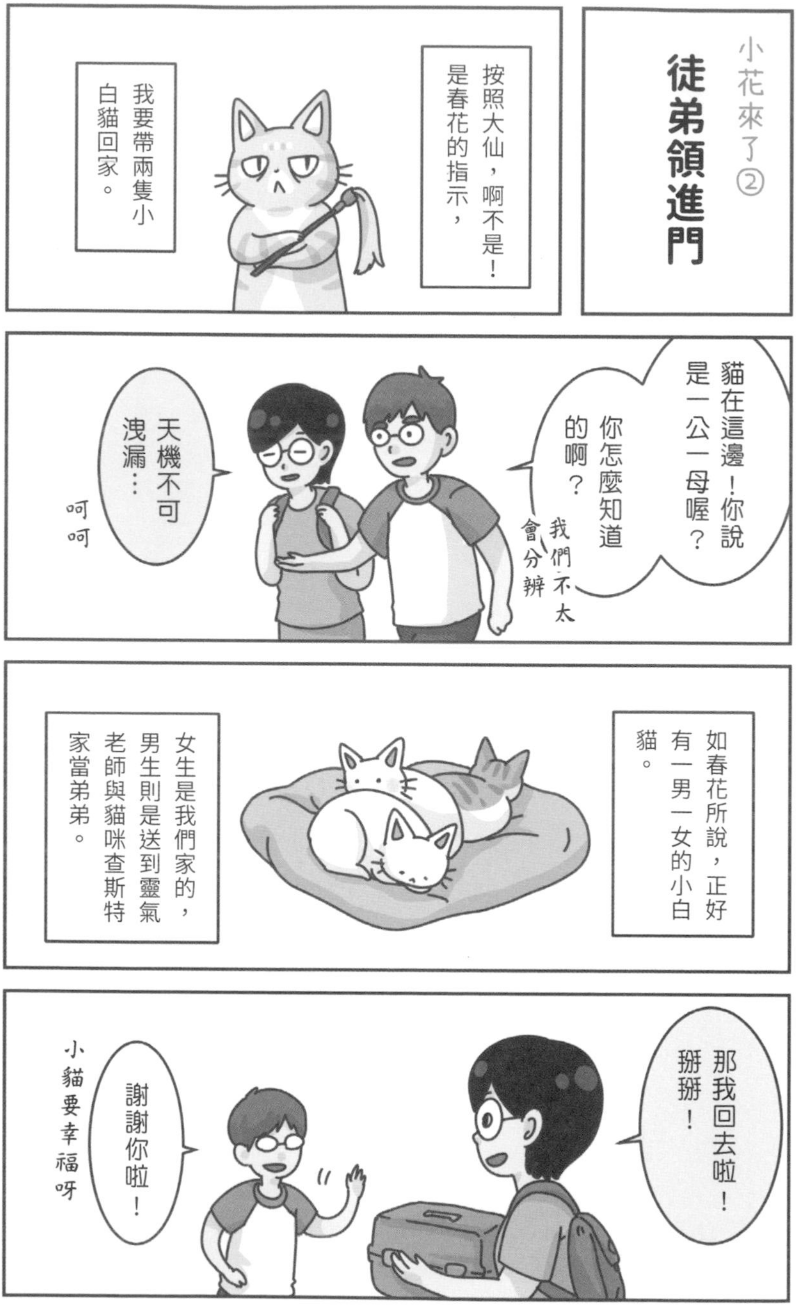
小花來了②
徒弟領進門
按照大仙，啊不是！是春花的指示，
我要帶兩隻小白貓回家。
貓在這邊！你說是一公一母喔？
你怎麼知道的啊？
我們不太會分辨
天機不可洩漏…
呵呵
如春花所說，正好有一男一女的小白貓。
女生是我們家的，男生則是送到靈氣老師與貓咪查斯特家當弟弟。
那我回去啦！掰掰！
謝謝你啦！
小貓要幸福呀

開門
我回來了~
這是新來的妹妹！
春花，我已經奉命帶回來了！
嗯哼。
從小花還在隔離的時候，積極的春花師父就開始…
……
忙碌
忙碌
我是春花哥哥，你也可以叫我「師父」。
？
真的是要收做徒弟啊！

師…
師父…？
沒錯，我會慢慢教你的。
MASTER！師父！
隔離結束後，師父也循序漸進地開始與小花的修行。
那麼，今天要教的是…
叫他起床！如果叫不起來…
我打
我揍
你就這樣！
到底是訓練幫手還是打手啦！

媽媽，
你要起來了嗎？
還好比起春花師父，小花的方式溫柔多了。
再躺一下下好嗎？
摸
可是、可是哥哥說要起來了！
那、你摸一摸我就起來好不好？
好嗎？
媽媽起床、媽媽馬上起床！
太可愛了吧！
坐起
就跟你說要直接巴下去！

他需要做的事很多，就是要人盯，
所以你就是要……
巴拉巴拉
今天要一直跟著媽媽喔！
媽媽！去電腦那邊！
我、我有這麼不可靠嗎？
師父…哥哥…
夢話
我今天做得好嗎…？
每天一點一滴地練習課題，哥很有耐心在教導小花啊，
哥哥找我？
嗯，今天的功課是…
可以也分一點溫柔給我嗎？

小花來了③
小花小煩惱
小花的小煩惱是，皮膚從小就不好。
肉墊破皮易裂，尾巴有一截黑黑的，長不太出毛。
其他典型的小貓營養不良的狀況，剛開始都有。
就是要補充營養，吃些維他命、離胺酸等等。
皮膚狀況先從飲食類型觀察，
1月 雞肉
2月 魚肉
3月 羊肉
4月 牛肉
每個月換不同的肉品，看小花對哪種比較敏感。
慢慢歸納出在吃羊肉時皮膚狀況最嚴重。
會掉毛，抓咬自己。
之後我們家就不吃羊肉囉
抓
抓

另外，小花當初在結紮的時候，腹毛剃得有點高。
剃
小花很不喜歡，常常去舔，結果肚子就有一部分毛長不太出來了。
我不喜歡這樣…
小花～媽媽的肚子也沒有毛呀！
白貓常常有皮膚、眼睛不好的毛病。
所以更是要勤加注意喔！
小花同胎的弟弟也很嚴重
我們要去哪？
要去看醫生叔叔喔！

小花的狀況是如何呢？
嗯……
應該是有異位性的皮膚炎，而且集中在臉部。
抓
抓
哎，小花辛苦了…
本來有想用中藥幫小花調理，但小花太抗拒吃藥，只能作罷。
不要不要！
唉啊…
讓小花做皮膚檢測，不要讓他受太多刺激，
拖地
盡量保持環境的整潔，是我能為小花做的！
家有過敏兒，媽媽要更勤勞

小花另一個小煩惱是……
小花！
驚嚇
哇！
當初他們被誘捕時曾受到驚嚇，所以小花一直都比較怕人。
不要跑啊！
喵嗚！
奔
逃
喵嗚！
小花，來媽媽這好嗎？
……
果然勉強不來呢，當時的恐懼經驗還留在他身體裡面。
跑走

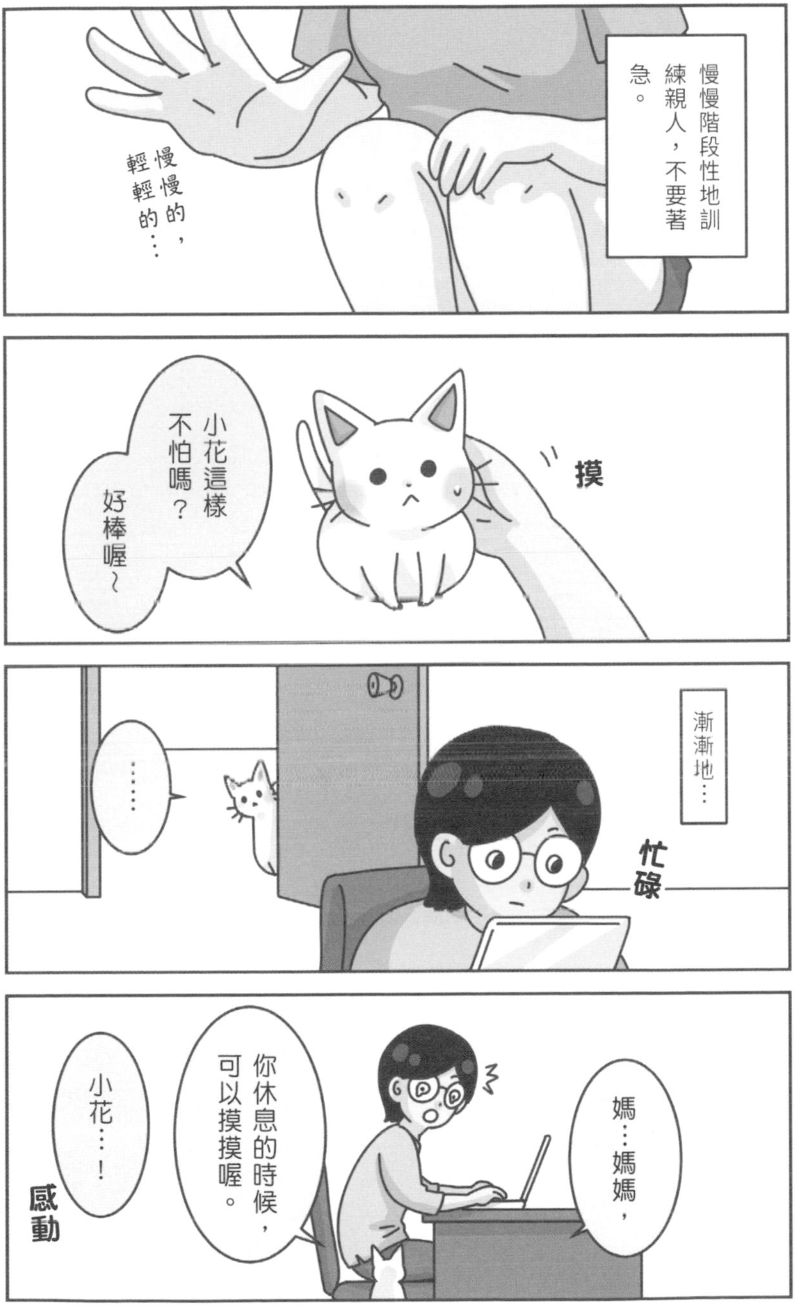
慢慢階段性地訓練親人，不要著急。
慢慢的，輕輕的⋯
小花這樣不怕嗎？
好棒喔～
摸
漸漸地⋯
忙碌
⋯⋯
媽⋯媽媽，
你休息的時候，可以摸摸喔。
小花⋯！
感動

小花來了④
掌心的花
萌萌哥哥、歐歐姊姊、
阿咪啊姊姊，你們好，我是小花～
春花師父已經介紹過你們了
充滿少女氣息的么妹小花，
結束隔離後很快便擄獲眾兄姊的心。
小花，哥哥可以睡在你旁邊嗎？
驚
萌萌，你平常不是連小貓也討厭嗎！
但小花好像會怕呢

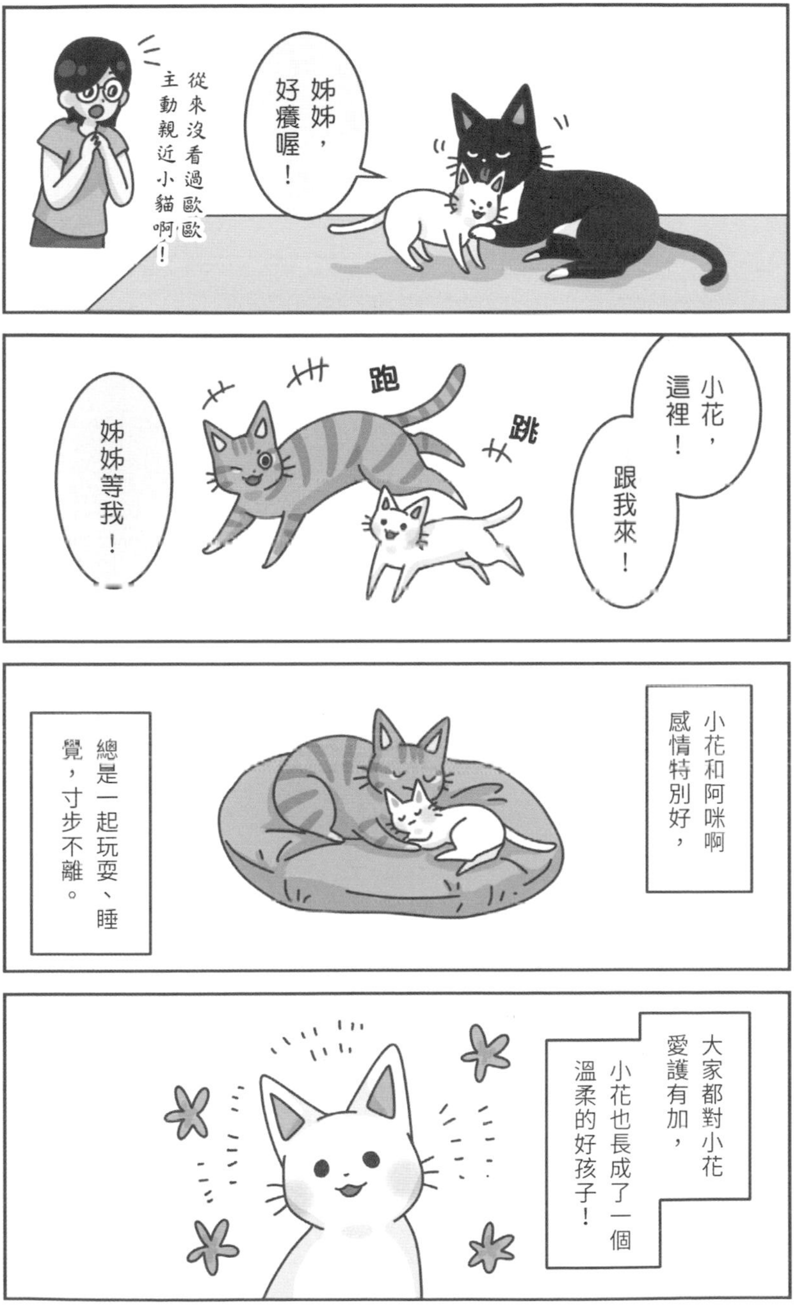
姊姊，好癢喔！
從來沒看過歐歐主動親近小貓啊！
小花，這裡！跟我來！
跑
跳
姊姊等我！
小花和阿咪啊感情特別好，
總是一起玩耍、睡覺，寸步不離。
大家都對小花愛護有加，
小花也長成了一個溫柔的好孩子！

明天你要健康檢查囉，所以先待在這裡面，不能吃飯。
蛤？我不要！
讓我出去！我要出去！
大呼
小叫
媽媽！姊姊要出來！
姊姊…姊姊！
媽媽讓姊姊出來！
媽媽…
天啊！這少女淚眼光波攻擊！

小花最棒了！
放出來了
姊姊！
嬉鬧
玩耍
小花真是個善良的好孩子啊……
阿咪啊這逆女為何不學著點？
幾天後
姊妹倆這次又在講什麼悄悄話啊？
窸窣
窸窣
我在教小花，如果他不知道要罵你什麼的時候，
就說你醜就好了啊！

小花……你不會同意姊姊對吧…？
小花！
啊！哥哥找我！
……
今天有練習要怎麼叫媽媽聽話嗎？
有！阿咪啊姊姊也有教我喔！
在師父、哥哥姊姊的疼愛下，小花要繼續美麗綻放喔！
只要不要學阿咪啊就好
你說啥！

我夢見你，就笑了

#最甜的小花

海海貓生
大海來了①
窸窸
窣窣
窸窸
窣窣
大海！
大家好～！
大海！
我是大～海！
大海！
大海好可愛！
大海！看這！
大海！
……
不要看大海現在如此ㄎㄧㄤ，
還有一堆海粉
他剛到我家時，
可是狼狽兮兮，
又一臉淒楚啊。

起初，大海被朋友撿到並送去醫院，
後來我幫忙中途。
到家囉！
當時大海的狀況很不好，
手腳指甲、鼻子都是裂開的，
抖 抖
眼睛和身體也有傷，非常沒安全感。
喵嗚…
別怕，這是吃的唷。
我放這邊喔
慢慢吃啊！
是餓了多久啊？
可憐的孩子…

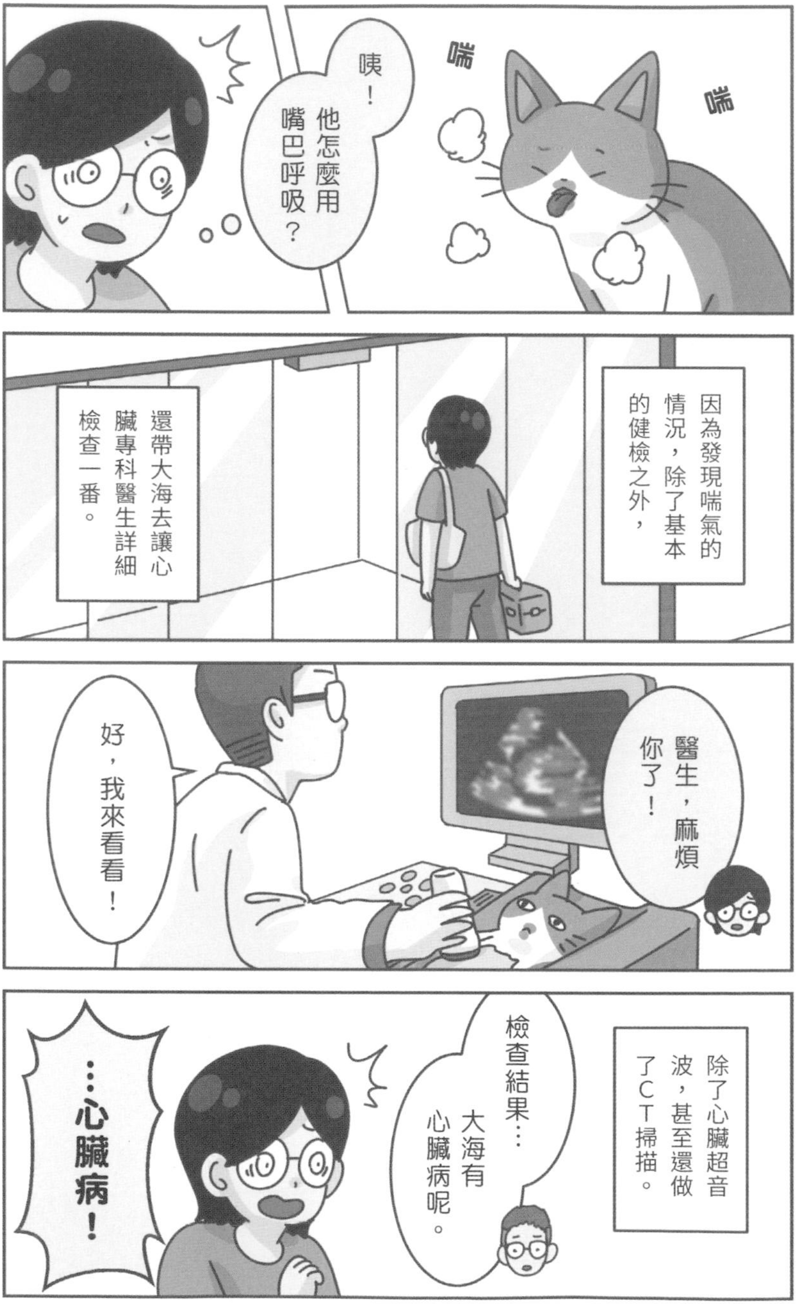
喘
喘
咦！他怎麼用嘴巴呼吸？
因為發現喘氣的情況，除了基本的健檢之外，
還帶大海去讓心臟專科醫生詳細檢查一番。
醫生，麻煩你了！
好，我來看看！
除了心臟超音波，甚至還做了CT掃描。
檢查結果…大海有心臟病呢。
…心臟病！

為了控制大海的心臟病，我下足了苦心。
定時計算心跳
一、二、三…
食物補充魚油
掌握飲食維持體重
可不能瘦了啊！
他最近好忙呀
媽媽辛苦了
好吃！
大吃
特吃
好吃！
太好了
雖然，大海的醫療和營養品費用非常驚人…
不過千金能換健康的話，也就值得了！

大海來了②
海是會害怕
空空如也
……
要妥善照顧大海，實在花費驚人，送養恐怕也有困難，
…
於是我決定把大海留下來了。
大海之後就會留在我們家囉！
大家，放輕鬆一點吧～
那…
我先帶大海回房間囉！
熊熊
怒火

在隔離期間，陸續讓大家進隔離房試著和大海單獨相處……
……
……
打量
阿咪啊，跟大海好好相處，好嗎？
臭胖子！你為什麼在這裡！
髒！胖！又臭！
離去
大步
哼！
………
………
唉…大海已經成年，又是公貓，
要讓家裡的其他貓接受，果然沒這麼容易啊…

春花的情況
相安
無事
春花哥還是最有大哥風範，
對大海不會這麼排斥！
一起來吃魚油吧！
吃
吃
春花和大海的魚油時間，讓他們建立了關係。

另外，我還有殺手鐧！
雞！肉！乾！
用共同零食時間，讓貓咪們增加對彼此的好感度。
食物面前無仇恨！
哇哈哈！
大吃
特吃
你滾開啦！
不准吃！
為什麼…？
我帶走我帶走
成年公貓要融入貓群的確有困難，但慢慢來吧！總有一天可以的！

大海來了③
怒海反撲
嘿咻！
嘿咻！
又過了一段時間，氣氛漸漸好了些，
忙碌
忙碌
我試著把門改造成可以讓貓咪看到彼此的方格網。
……
有說
有笑
你幹嘛露出來！
臭胖子！
髒鬼！
噁心！
滾啦！
蛤…？
但阿咪啊還是很兇…

大海啊，我跟你說～
開門
阿咪啊對你不好的時候，你可以和他說不喜歡，或是反抗他唷。
像剛剛，他有點太壞了。
…反抗？
對呀，有時候阿咪啊太過分，你要告訴他你的感覺。
那等下再讓春花哥哥進來陪你喔！
關上
嗯！大哥進來！

阿咪啊，你可以不喜歡大海，
但說他髒、臭什麼的，也太過分了！
是把大海當聾子嗎？
他沒有回我，就是聽不見啦！
我才不管他咧！
我說的是事實啊
人家只是不想理你！你真的對大海太壞了，
再這樣我要讓你進去隔離，讓大海出來！
蛤！你說什麼！
你敢！
我說你不准這麼壞！
要你管！
我就是要兇他！
勸架不成反而自己和貓吵起來。

但阿咪啊的態度依舊，直到有一天⋯
又到了雞肉乾的時間！
雞肉乾！
給我！
雞肉乾！
你走開啦！胖子！
閃邊去！
驚
⋯⋯
不！不要！
用力
揮
我討厭你這樣！

你…你…！
後退
哼！不理你了！
我可不是怕你喔！
奔走
不要搞錯喔！死胖子！
唉呀唉呀！
希望阿咪啊會因此反省一下…
吃
吃
我…我可以！
…嗯？
怎麼好像怪怪的…

大海來了④
海式癡漢
滾去
滾來
在大海學會適當表達自己的情緒，
和春花耐心幫助與教導下，
路過
地板好涼
呵呵
磨合了近半年，終於，他們可以和平地共處同個空間！
哼，我不跟你這個胖呆計較！
本小姐心胸寬大
…？
這也算是阿咪啊最大限度的讓步了吧…！
？
大步
離去

但自從習慣了這個家後，
大海的ㄎ一ㄤ和痴漢本性，就開始慢慢地外露出來…
討厭！你走開！
呵呵呵
你在幹嘛！
重拳
不要欺負小花！
…好痛！嗯？
那是…

呵呵…
呵呵呵…
舔
靠近
呵呵呵
你不要靠過來！
討厭！
你好…漂亮…
呵呵呵
大海啊，你不能一直騷擾姊姊和鬧小花啦。
他們都說了不喜歡，
這樣姊姊永遠不會喜歡你喔！

但他們本來就沒有喜歡我啊！
呃，不是⋯
下次再接再厲會成功的！
離去
⋯⋯
⋯⋯
大海這種癡漢的神邏輯⋯
全都是真貓真事啊！怕了吧！
不愧是大海！
可愛！
好有自信！
不是，你們有在聽嗎⋯

最後，因為癡漢大海屢勸不聽，
我便讓歐歐移到獨居房。
有自己的空間後，歐歐也自在多了，
但是⋯
歐歐房間
⋯大海，
你在幹嘛？
用力
吸氣
我在吸歐歐姊姊的味道！
好香喔！
⋯⋯
算了⋯

大海來了⑤
海闊天空
媽—！
媽媽！
大叫
媽媽！
媽媽！
怎麼了！
快來啊！
嗶啦嗶啦嗶啦
嗶啦嗶啦嗶啦
嗶啦嗶啦嗶啦
媽媽你聽！
很大聲吧！
……

好了，我要大便了，
揮
揮
這個沒聲音，你可以走了。
……
大海啊…
大小便都不用叫我沒關係…
我還以為出什麼事…
好啦！
要大出來了！你快點走啦！
ㄊㄊㄊ
我大完了！
走下
我好棒！
…好喔。

剛回家
媽媽！我好想你！
你終於回來了
嗯？真的嗎？
我好餓！
所以好想你！
…是喔！
生病中
媽媽，你要死掉了嗎？
沒有啦…
你在擔心我嗎
那我好餓！開罐頭！
……會死也是被你氣死…

大海啊，以後⋯⋯
和媽媽一起練習不要欠罵好不好啊？
不要欠罵？
對呀！
可是，媽媽，
這樣我就有很多事情不能做，
你也有很多話不能說了耶！
我！才！沒！有！
嗯？
想必大海今後也會繼續用海廢風格，為我們家製造笑料⋯⋯

Chapter 2

貓是業報是報應？

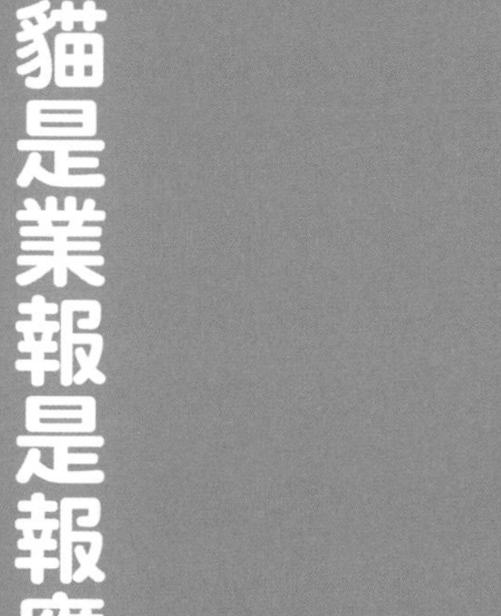

貓是人類進步的泉源，
也是人類懶惰的依據，
如果你的貓罵你，
表示你在人間還是有點用處的，
不要氣餒唷！

春花字典①
在洗澡時，不小心踩斷了刮水板。
屍體
我是不是太胖，才會踩斷它啊……
你是不小心。
是唷？哥你不覺得媽媽胖啊！
就知道哥還是愛我的
你是肥。
肥
打擊

春花字典②
……
唧唧唧唧唧唧——
你很大聲欸！
怒
因為我是蟬啊！
你是吵！
我是蟬啦！
你好笨
就說是吵！
吵
啦啦啦～那邊的朋友一起唱喔！

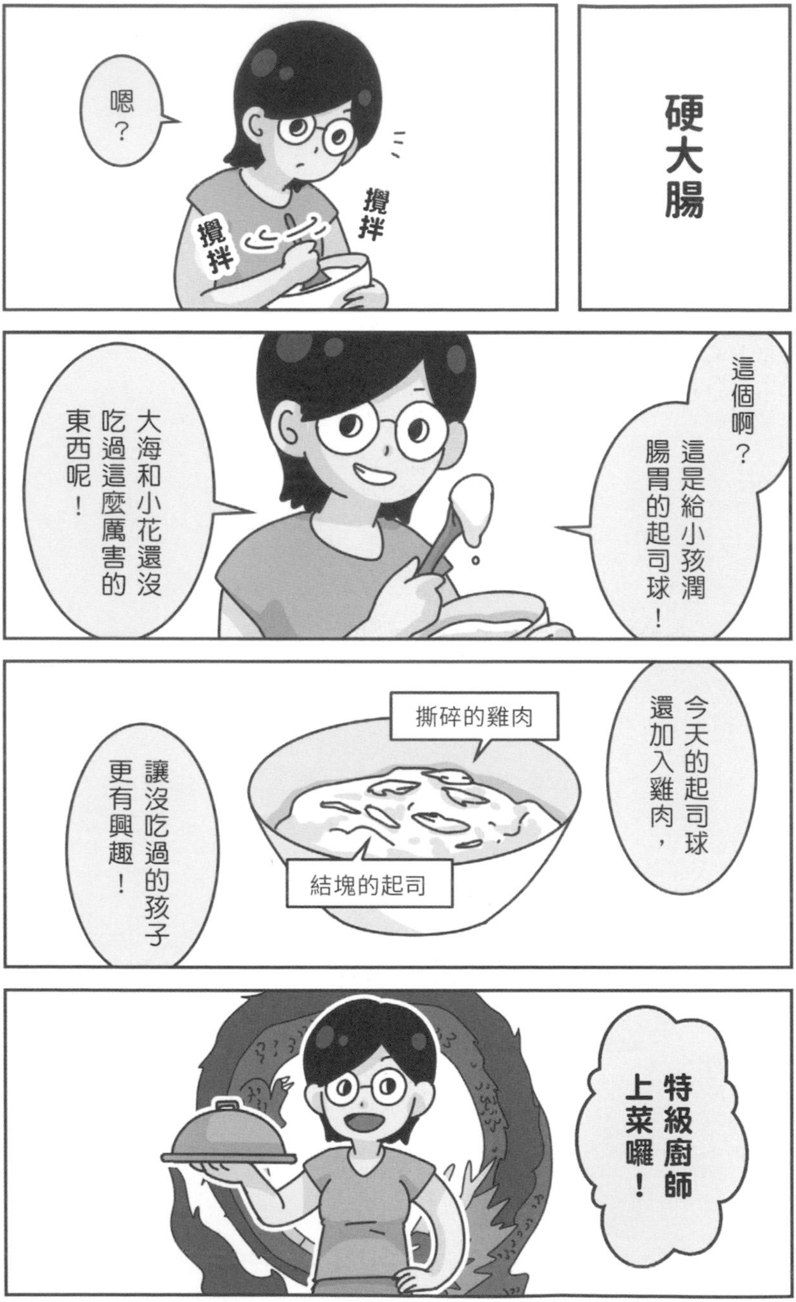
硬大腸
嗯？
攪拌
攪拌
這個啊？這是給小孩潤腸胃的起司球！
大海和小花還沒吃過這麼厲害的東西呢！
今天的起司球還加入雞肉，
撕碎的雞肉
結塊的起司
讓沒吃過的孩子更有興趣！
特級廚師上菜囉！

當其他小孩還在聞聞的時候……
嗅
聞
哥你怎麼自己吃光了啦！
連別人的份也吃！
舔
很好吃吼，媽媽很厲害吧！
收拾
但是哥，你吃太多會挫屎喔！
挫屎也比你是硬大腸好吧？
硬…硬大腸…

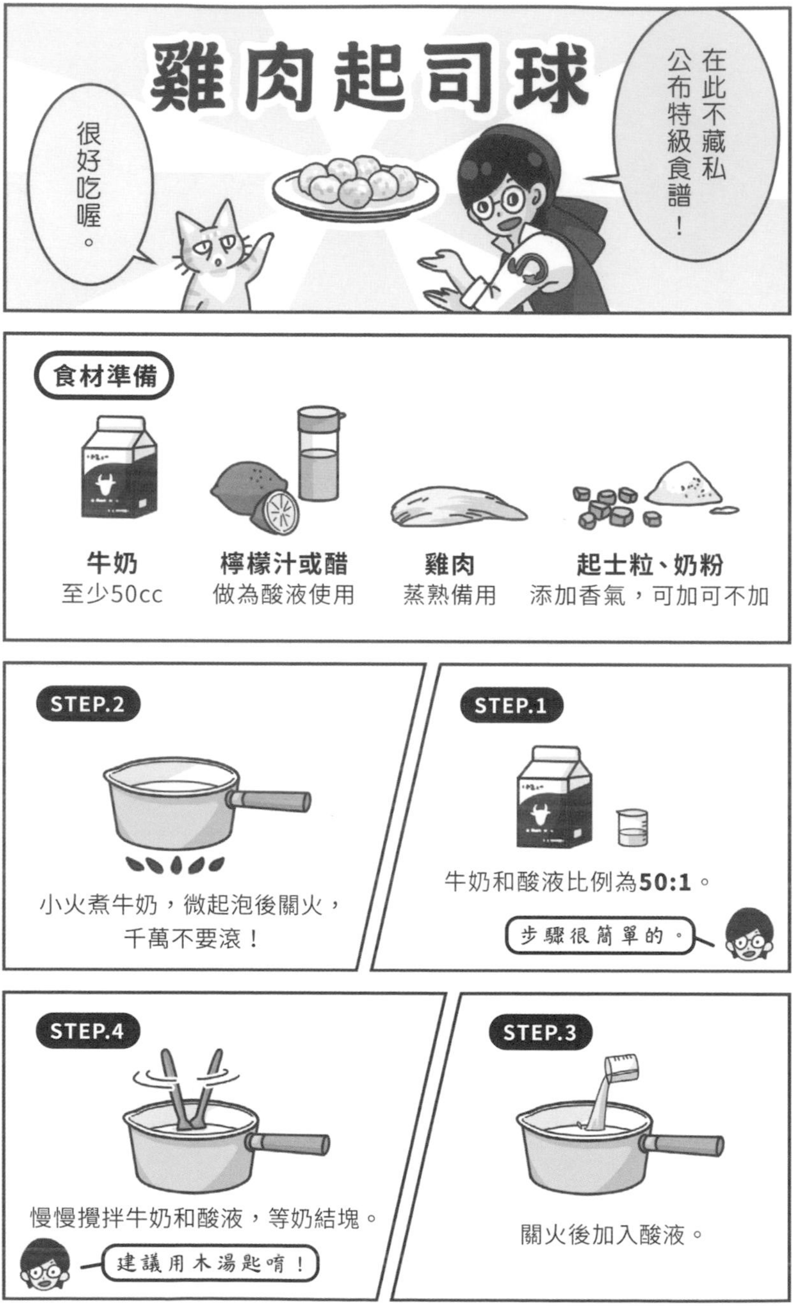
雞肉起司球
在此不藏私公布特級食譜！
很好吃喔。
食材準備
牛奶
至少50cc
檸檬汁或醋
做為酸液使用
雞肉
蒸熟備用
起士粒、奶粉
添加香氣，可加可不加
STEP.1
牛奶和酸液比例為50:1。
步驟很簡單的。
STEP.2
小火煮牛奶，微起泡後關火，
千萬不要滾！
STEP.3
關火後加入酸液。
STEP.4
慢慢攪拌牛奶和酸液，等奶結塊。
建議用木湯匙唷！

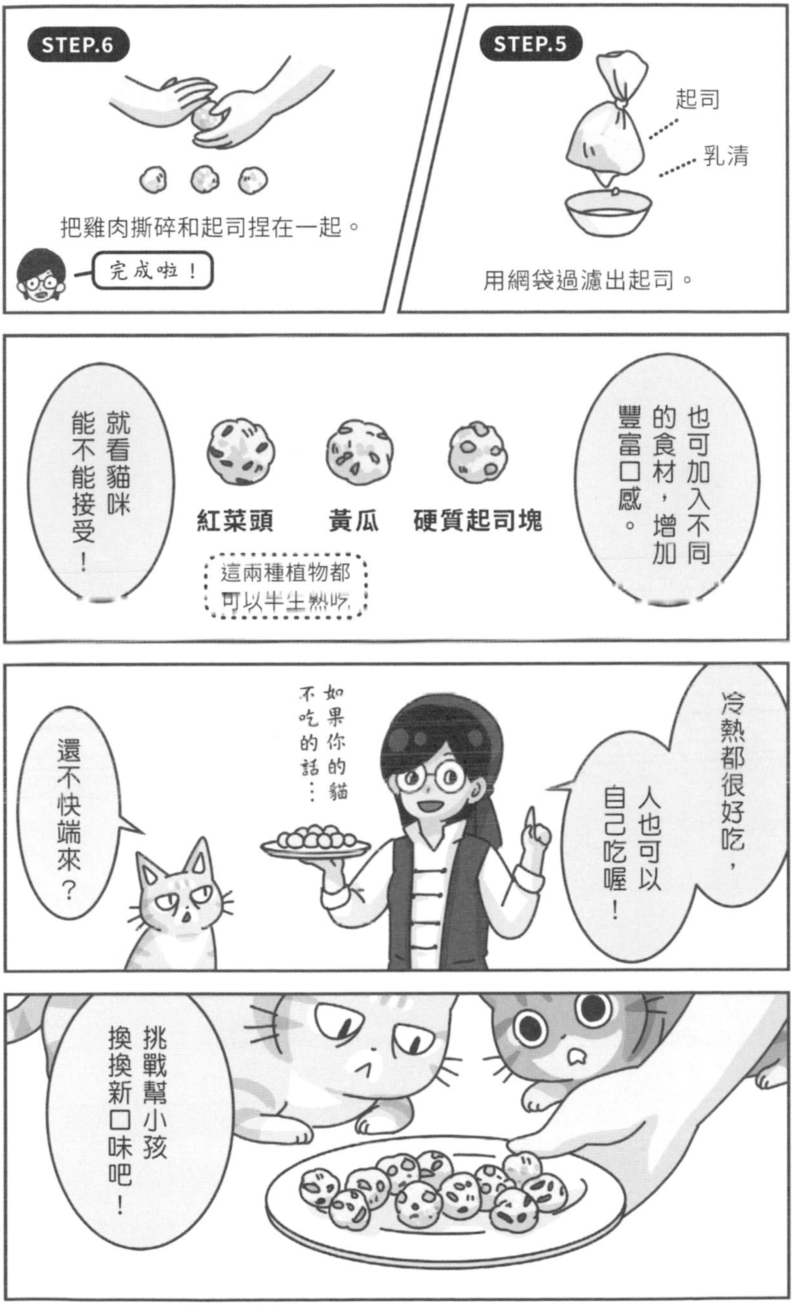
STEP.5
起司
乳清
用網袋過濾出起司。
STEP.6
把雞肉撕碎和起司捏在一起。
完成啦！
也可加入不同的食材，增加豐富口感。
硬質起司塊
黃瓜
紅菜頭
這兩種植物都可以半生熟吃
就看貓咪能不能接受！
冷熱都很好吃，人也可以自己吃喔！
如果你的貓不吃的話……
還不快端來？
挑戰幫小孩換換新口味吧！

打掃悲歌①
掃地機器人
不要進來！
開門
蛤？
你在幹嘛啊？
我在清大便啦！
關上
清…大便!?
不……
甜姐大便了，我幫你掃啊！
被阿咪啊打開的掃地機器人
嗡嗡
嗡嗡
滿地
狗屎

打掃悲歌②
拖地機器人
媽媽，你快來！
你看我把他打到尿出來了！
洗碗精
…你是不是也想被打到尿出來？
算了…既然地上都是洗碗精了，
靈機一動
拖地機器人
用拖地機器人，應該可以順便清潔內水槽吧！
十分鐘後
不～～～～
滿地泡沫
嗡嗡
嗡嗡
果然都是一家人啊。

裝傻不是傻
欸。
……
欸。
移動
默默
抓
回、來。
上次我跟你說的#$%︿&*…
你什麼時候才要做？
同樣的事情要講幾次？

媽媽……
怎麼啦？
這麼小聲媽媽也聽得到呀？
對啊，你們叫我，我都聽得到啊！
那為什麼春花哥哥叫媽媽的時候，
天真
無邪
你要假裝聽不到呢？
為什麼呢
咦？什麼？聽不懂耶？
有這種事嗎

借物婦女
嘿唷嘿唷…
我回來囉～
哥，你看愛琳姊姊借我的，
愛琳
齊全
裝備
好多好厲害的裝備唷！
為什麼…你要去旅行，東西都別人的？
……
因為…
我除了你們，什麼都沒有了！
我好會說話～

那媽媽，你有跟愛琳姊姊說謝謝嗎？
收拾
當然有哇！
才不是，是我去跟愛琳姊姊講，媽媽才會有這些東西！
附耳
他才沒朋友咧！
才怪，你什麼時候去借的？
小花你不要聽他亂說！
媽媽，那你也要跟阿咪啊姊姊說謝謝啊！
正氣
凜然
咦…？我…
好喔…

浮誇
終於尿在對的地方
你真是全世界最棒、最厲害的狗狗啊！
你講話很誇張欸～
多誇誇我
蛤！你在說你媽嗎？
大膽刁貓！
對啊！
那你是要我也誇你很棒嗎？
喔～那就真的太誇張！
先不要
難得有羞恥心喔！
我擠扁你！
抱

海令進補
美滿
溫馨
大海，我們來一點母慈子孝的畫面，好不好啊？
蛤？
你又沒有這麼可愛，
太假了。
……
站住！
我要把壞貓咪吃掉！

老派甜姐
嗚哇哇～！
好痛啊！嗚嗚嗚…
怎麼啦？
我的雞雞要爆炸了！
幫我放到別的地方啦！要爛掉了！
結紮傷口
唉呀…結紮手術後，雞雞痛痛的是正常現象喔。
要忍一下…
全力
衝刺
誰准你來說什麼雞雞！
不死鬼！骯髒鬼吶！
猛推

你把腳挾緊緊
快回家啦！
回家啦！
猛戳
你也是！
還沒嫁人在那
說什麼雞雞！
嚇死人喔！
真的是吼講都聽不懂餒！啊一個女孩子家一點女孩子的樣子都沒有，衣服也穿得不三不四，講話還這麼胎哥！是要怎麼嫁出去？有誰敢娶你這款啦蛤？
叨唸
不休
你這樣我要怎麼放心？我都幾歲了，讓我這樣操煩？整天跟貓在那邊你愛我我愛你的，貓是會賺錢養你逆，也不好好找個可以照顧你的，真的是……（下略三萬字）
沒事沒事，
之後就會好喔。
要留一點
給人家探聽！
嗚嗚
他好兇

貓狗有別
我們散步回來啦～
工作！工作！
我來看看…下週的溝通時段…
喀噠
喀噠
歐歐在陪媽媽呀！
對了，媽媽問你，歐歐覺得甜姐怎麼樣呢？
……
站起
他，臉很大。

哈哈哈！姐的臉這麼黑，你也可以看得清楚啊？
的確很大呢～
跳下
他跟我一樣黑啊！
哈哈哈真的一樣黑呢！
那你會覺得他在學你嗎？
不是啦！他本來就長那樣啊！
媽，狗和貓是不一樣的！
嘿咩！
長的很像也還是不一樣！你要記起來啊！
是是是！媽媽錯了！

腹二代與腹三代
呵呵…
吸
吸
呵呵呵…
大海，你在幹嘛呀？
我吸
吸
谷柑哥哥，來這邊一起，吸！
吸？好啊。
到底是什麼呀
歐歐的房間
吸
吸
吸
哇真的聞得到
大海…吸歐歐還拉谷柑下水…

啊你進不去喔？
你不是也進不去！
你躺過去啦，
推
你過去的話我給你罐頭！
罐頭？
起身
喔！我媽媽有說，你是「腹二代」！
你家有很多罐頭
對啊，我家的「那個」很厲害！
呀呼～
那個
變出
※谷柑稱呼爸爸為「那個」

所以「那個」很厲害，就可以當「腹二代」！
對啊，你家沒有「那個」，所以你不能當！
但是我媽媽很厲害呀？
我家也有好多罐頭！
那…？
所以我是腹！三！代！
你們到底在比什麼…
歐歐的飯
嗚啊
哇
嘖…擋路！

說誰沒人愛
忙東
忙西
乾媽，
你真是一位辛苦的媽媽！
你問你媽，當你媽媽會辛苦嗎？
不會啊！
谷柑～
媽媽愛我不辛苦！
所以我也不辛苦啊！
戳戳

乾、乾媽，你不辛苦，
懂嗎！
你是好媽媽！
乾媽，
你真的是很好的人，
心很美，手也很勤勞。
雖然沒有人看見，沒有人要愛你！
但就算大家都不愛你，
谷柑也會愛你的！
……
愛你～
愛你～

不行！
你太矮啦！
用力
推開
姐，我想問題不是高矮…
袂使啦，這樣小孩會太小，會弄丟！
可是乾媽沒人愛會很可憐耶，
炫富
我可以照顧乾媽啦，我家有很多罐頭喔！
不行啦！
甜姐你放心啦！
我反對！
你可以來看我家有多少罐頭喔！
…我要走了。

結婚
哇！太好了！
同婚專法通過
LOVE WINS
你在看什麼這麼開心？
大家可以結婚了，天天的爸媽也是，好棒呀！
※即將結婚的同志朋友
喔！這樣我就可以穿水水去參加他們婚禮了！
對啊！天天媽有幫你準備衣服！
丈量
很美喔！

好幸福啊⋯
讓我們歡迎新人~
好可愛啊⋯
我自己~
啊！但你怎麼辦？
驚覺
你還是一個人！孤單的一個人！
我好擔心啊
怎麼會！
左擁
右抱
我有你和貓啊！
袂用得！就叫你不要跟這麼矮的結婚！
咦⋯蛤？
都沒在聽！

虛胖
捏
哎呀哎呀～
哥，我這樣是不是虛胖呀？
捏
……蛤？
中醫說的啊，
我可能是虛胖！
捏
你以為你是大海的毛嗎？
剃毛前
剃毛後
※純屬虛構
虛就是虛，胖就是胖，
就已經長在那邊了啊。

大海他是虛腦袋！
腦袋空空啦～
我沒有那麼虛啦！
我！我有腦袋！
跳出
我是灰腦袋！
那哥，你是不是「虛愛」我？
擠
哥～哥～
有人要理我嗎……
我是「胖愛」你。
哥！我也「胖愛」你！

冷漠院長
等我愛
因爸爸出差而
來到我家寄宿
的獸醫二代—
龍院長，龍龍。
我家有很多
成員喔，
走出
跟大家好好
相處吧！
……
……
你、你是怎樣！
大哥！
他欠揍！
罵他！
哼～

你在我家要有禮貌喔，要打招呼。
大哥！揍他啦！
……
你好～你好～
可以了吧？
要說：「春花你好，我是龍龍。」
…春花你好，我是龍龍！
嗯哼。

龍院長就這樣待下，
嗅
不過，才短短幾天⋯⋯
咦？龍院長呢？
你找我男友？
蛤？你剛剛說啥？
我男友啊，我男友在睡覺喔！
你、你男友？
他才來幾天而已欸！

逆女的戀愛開關，實在是令人費解……
睡醒了啊！
你現在會想龍院長嗎？
是他想我好不好！
你懂個屁
龍院長回家後，阿咪啊依舊熱情。
龍院長偶爾回訪時，他更積極。
你過來！跟我睡啊！
你是我男友欸
……
雖然說女追男隔層紗，但這大概有千層紗吧……
你喜歡我吧！
過來！
奔

正名之亂
啊哈哈哈～
阿咪啊，畫家把你畫得好像，好好笑喔！
你喜歡被畫成這樣嗎？
為什麼……
指
我的名字跟你以前說的不一樣！
不一樣？什麼意思？
??
這裡不一樣啊！這裡！
你很笨耶！
書上的
阿咪阿
原本的
阿咪啊

喔！因為以前畫家說，如果是「啊」結尾，怕被以為是語尾助詞，
阿←啊
所以我們就改成「阿」了！
但是唸法沒變喔～
兇手↓
還是你想要寫成AMIA？
AMIA
搭啦
那是什麼！好怪！好醜！
好像牙齒！我不要牙齒！
但大家唸起來一樣都是「阿咪啊」唷！
別生氣～
你不要亂改，
你怎麼知道有沒有人跟你一樣笨！
哼！受不了你們！
阿咪啊
正確的名字
大家請記住正確的名字喔……

春花媽有話想說

壞壞惹人愛（上）

屁咧，什麼壞壞惹人愛！根本沒這回事，我才沒有超愛胖咪的啦！

我常常在看著胖咪跟大海的時候，想說我人生要檢討，為什麼一個這麼白目，一個這麼雞歪，我是不是做人有問題！

大海的有問題，就是他有問題，沒有什麼疑慮，但是胖咪的問題，我可能要稍稍考慮，是不是我有一點問題？應該是說把他送來我家的人，他們家有問題啦！這種事情還是要相互分擔一下比較有義氣。

胖咪到我家

想當初，我一個人住在空蕩蕩的山上，絕對不是為了中途貓咪方便，而且那時候是一窮二白的人生新高峰，才不要幫助什麼癱貓的孩子，更何況嚴格來說，我根本沒照顧過癱貓啊！那時候跟撿到胖咪的大北一家根本不算太熟，只是中途過他們家的兒子（當初被狗咬，因此前肢無力的傻橘貓），但是我不會照顧癱貓啊！

不過因為那時候太傻、太不會拒絕別人了，所以胖咪就到我家了。想當初我緊張死了，癱貓！癱貓捏！我做了些功課後，把整個房間鋪滿了尿布墊，並找了一堆海綿貼在牆上。（因為聽說這個癱貓會自己跳起來，怕他會摔到！）

「你們到底在說什麼啦！到底為什麼半夜在台南撿小貓啦！為什麼撿到又不會顧啦！」

「到底為什麼我要接電話啦！」

其實我本來是可以很冷靜的，一定是因為收了這個癱貓，產生了一些不良的影響，雖然說緣分天注定，但是近墨者就很黑啦！

胖咪一開始就是叫「Mia」，撿到人的弟弟說以後會養所以幫他命名，希望我可以幫忙先照顧一段時間，於是乎我就開始稱呼撿到人為「大北」（大伯的意思）。大北夫妻都是教師，之前他們透過朋友請我照顧他們家的二兒子橘貓哈嚕，他雖然是被狗

咬的個體，但是後來就很幸運很順利地康復了。因為這次經驗後，他們又撿到傷貓時就會想到我，我也是很驚嚇地收下這個虎斑小貓。那時候他只比我的一個手掌大一點，一直喵嗚喵嗚地叫，我以為他很痛，後來才知道是囉唆！個性真的很多地方是天生的，進家門的第一天，他就把所有的尿布墊掀了起來，不是說是癱貓嗎？所以大家不要隨便看萌就被騙！

大北說，當初撿到時，有送醫院驗他背後傷口的膿，不知道是否有更嚴重的細菌感染。看著她無力的後腳，跟一直發抖的身體，我隱約覺得持續發炎的他，可能還在感染中……。

春花保父幫助胖咪走路

初期的Mia行動能力很詭譎，有時候可以好好地拖行一公尺左右，後來又會突然「翻跟斗」！（就是字面上的意思，嚴格來說就是「後空翻」！）我人生看的鬼片很少，但是我那時候真的想過，他是不是中邪！（怎樣！大嬸不能怪力亂神一下嗎？本身也不是天天見到鬼啊！）但是仔細觀察後，發現他在激動的時候，以及身體想要偏右邊行動，但是狀況不如自己預期的時候，比較容易發生後空翻的情況，是一個沒什麼耐心的妹子啊！考慮他的情況，加上已經過了隔離的期間，就讓他跟大家互動。果然有貓跟他一起玩，他就穩定很多，也因為有更明確的學習對象，他比較會好好的拖行走！

然後……春花保父就神出現了！本來在照顧之前的兩位橘貓時，就覺得春花天生父性很扯，到了胖咪又是一個無可取代的高峰，他竟然用自己的臉去頂住胖咪的屁股，讓胖咪練習後腳走路！我覺得超扯的啦！但是也因為他這樣的行為，我就帶胖咪再去給神經科的醫生跟老王看，老王提供了一些復健的手法，讓我嘗試給胖咪在生活中使用，看有沒有機會讓這個才兩、三個月大的孩子復原。

堅持復健不放棄

每天我都用毛巾協助他走路，胖咪永遠都會急到自己翻飛，然

後氣得咬毛巾，不然就是當個硬生生的廢物，卡在毛巾上不動。最有效率的時候，就是春花陪他復健的時刻，說也妙！春花一開始只在廁所前面陪他練習走路，才花了幾天，胖咪就不需要我催便尿，自己可以「爬上」廁所去上廁所（因為貓砂盆有個高度，他不上我幫他特製的矮貓砂盆。）讓我又驚訝又省心，覺得春花哥真是個天才。（特別說明：胖咪是因為傷害到尾椎所以影響排便尿，與年紀無關，所以初期撿到他的時候，需要人工協助排便尿。）

後來我就與春花哥發展出配套措施，通常我會在他醒著時幫忙復健，那時候我還不會溝通，只是發現他醒著的時候，胖咪會比較認分地復健，雖然有時候只堅持五分鐘，但是天天復健，才能真的有效地加強肌肉的使用能力，所以我不能放棄啊！但是也因為我的堅持，胖咪就覺得我很、雞、歪！

胖咪後來的復健還算順利，沒有真的變成癱貓，我覺得已經是

三輩子的福氣了。但是我想老天爺很幽默，他給了我們一些機會，也會捉弄一些命運吧！也有可能單純是想弄我啦！ㄟ！

Chapter 3

貓狗教你要乖乖！

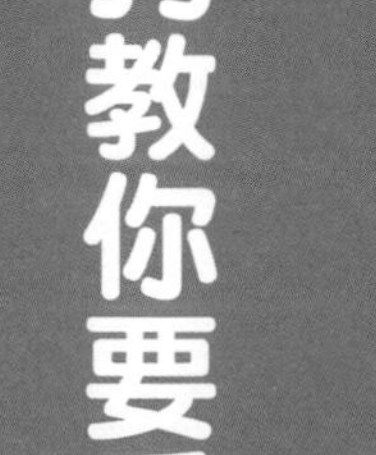

如果偶爾覺得自己想要更多的學習，
就是聽貓的，
如果想要狗狗更聽你的，
那你就要是一位食物富豪，
乖乖從自己做起，
成為他們最好的糧倉喔！

萌媽寶①
萌~萌~~
奔
來
媽媽~~
愛萌萌~~
哈哈哈哈哈哈
愛媽媽~~
哈哈哈哈哈哈
萌萌萌萌~
媽媽媽媽~~
這兩個是在幹嘛……

萌媽寶②
夢話
……嘻嘻！
起身
萌寶寶怎麼啦？夢到好事？
媽媽，我夢到你，醒來又看到你了，
我就笑了！
好愛你呀萌萌～
愛媽媽～
……又來？

我只要你
大海，今天是兒童節，你有想要什麼嗎？
？
兒童節？那是什麼？
？
就是寶寶的日子，
小寶寶們都可以要禮物唷！

禮…物？
對啊，大海寶寶想要什麼，
抱起
媽媽都會盡量給你的。
為你赴湯蹈火喔！
我想要你，
那就夠了。
噢噢～海海～
親
親
把兒童節過成情人節吧！

家教的重要
喔？志玲姊姊結婚了呀！
哇～志玲姊姊真的好漂亮啊！
？
媽媽才是最漂亮！
大聲
……萌萌！
萌萌～帥帥萌萌～
媽媽～漂漂媽媽～

你是最漂亮的媽媽！
你是最帥氣的萌萌！
金城萌萌～！
媽媽志玲～！
……
愛你！
愛你！
你們有什麼毛病啊！

甜甜的愛
散步中
聞
聞
那泡尿是個女的！
沒生過囝仔
這泡，男的！
個性有點害羞靦
你是尿尿分析師嗎？
這個！就是這個！
這我真愛！我最愛這個！
比愛我還愛？
對，超愛超愛的！

比愛我還愛，
怎麼這樣…
擦淚
那我怎麼辦？
跟我回家！
回家？不能帶他
回家啦！
我又不認識
傻唷！
我是說我們
可以回家了啦！
那真愛怎麼辦？
你不要？
真愛放這
就好啦，
放家裡我
不要啊！
你好好笑，
真愛就是想著
開心的啊，
坐下
帶回家要像你
這種傻傻煮飯
給我吃的。
我不要走了
來抱我

好像有道理⋯又好像沒道理⋯
而且你為什麼不自己走？
抱起
你愛我就要抱我啊！
怎麼不懂，真愛要我照顧，就像你要照顧我，
我給你顧就好，這個放外面，他不會照顧我！
?
?
那你什麼時候會想念真愛？
看心情啊，不同時候我會想不同個喔！
我以為你很專情餒！
談戀愛又不是結婚！好險我愛你，不然你這麼笨喔～

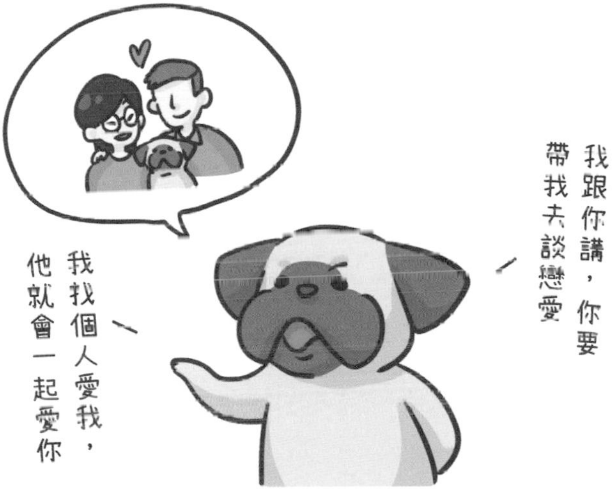
我跟你講，你要
帶我去談戀愛
我找個人愛我，
他就會一起愛你

這是什麼如意算盤

#一犬得道人貓升天

不痛
心情不好的時候，歐歐會來到我面前。
歐歐不是語言派的安慰，他會示範給我看。
咬
斷
啪！
媽媽，你看，會斷掉的就不重要，
不重要的東西，不要放心上。
有時他很果斷，
有時他很溫柔，
媽媽，咬這條線你會痛嗎？
會痛我就慢慢咬。

好痛唷！
媽媽，不可以假裝！
斷
但如果我裝可憐，歐歐就會爽快地咬開。
媽媽，這個對你不重要，你不要怕痛，
不要它，不會痛。
歐歐，是這世界最懂我的遲疑的貓。
他的勇氣如此透明純粹。

睡前聊天
睜眼
…你睡了嗎？
還沒啊，等你先睡。
湊近
可以臉貼臉睡嗎？
……嗯。

可以親一下再睡嗎？
……嗯。
親
你很愛我？
對呀！
嗯。知道了。

愛著很好
含情脈脈
我好愛你唷！
……你再愛我，我也是會死唷。
那時，我頓了很久一下……
但是可以愛著，很好，是吧。
嗯……
你這麼大隻，還這麼小聲？

拉開
對啊！
可以跟你相愛真的很～好！
謝謝中醫老林總是邊陪笑邊陪焦慮的我解決問題，
還有西醫老王常常隔空解惑。
醫生的話要聽啊～
人生果然還是需要有醫生這種朋友的啊，
不要吵！
你哪有朋友
不然家長的脆弱真是無處安放。
一起練習當面對久病也能堅強的家長吧！
二姐超可愛、我超愛你喔！
嗯。

愛的寂寞
「……只有和貓在一起，我覺得自己被上天眷顧，是幸運的人。」
※李維菁《有型的豬小姐。過生日》頁99
他知道我們的厲害，
但是說出來，我們就變成貓了。
不認識你，我不懂孤單；認識你，會寂寞而已。

認識我很寂寞嗎？
沒有這樣，會寂寞。
靠上
……愛我會讓你寂寞嗎？
愛本來就很寂寞啊。

苦苦的想念
焦躁
不安
小天使 烏龍茶
……
踩來
踩去
※參閱【春花幼稚園】〈三隻小貓〉篇
是不是最後⋯⋯大家都會把我忘掉？
咦？我不會忘記你的喔。
舔
烏龍茶在安慰你呀。

你有一天也會死掉。
像烏龍茶一樣
果然是在鬧彆扭呢…
那…這樣吧，我現在多想你一點，
要是我死後忘記要想你，
你就來罵我吧。
想念累累的、又苦苦的喔？
……嗯。
我們又抱緊了一點。

春花媽有話想說

壞壞惹人愛（下）

大北的弟弟沒有出現來帶走胖咪，大北身為兩貓的家長，也評估弟弟不太適合養狀況特殊的Mia。考量到Mia的狀況真的很特別，我也不想就這樣讓他出去，畢竟每一段關係都是一輩子的。後來身邊有朋友對胖咪很有興趣，但是因為在外島工作的關係，考慮醫療因素也沒有把胖咪接走……。

胖咪常常都是遇到有人喜歡他，但……因緣際會而無法一起生活，這一次的拒絕，我清楚感覺到Mia的個性變得更彆扭，他會有點生氣地啃腳，或是突然打翻碗，然後拒絕我去收拾，自己在旁邊吃地上的飯。

春花通常都會在他開始吃的時後，默默地在旁邊看他，胖咪就會邊吃邊發出奇怪的嗚咽聲，我想那是在哭吧，所以我沒打擾過。

第一次聽到胖咪的聲音

那時候家裡有室友，胖咪偶爾會在室友身上獲得一些安慰，加上我又中途新的小貓（我砍手），是三位美麗的小女孩（真的超美），胖咪的母性突然覺醒，每天都在照顧小貓，也順便照顧我人類的乾女兒言言（那時候沒滿一歲）。後來胖咪穩定地長大、發胖，也願意好好看醫生，這樣的日子持續了一段時間，蠻好的。

直到我去學了溝通，胖咪都表現正常，印象很深刻是我學會溝通的第一天，回家的時候就聽到胖咪的聲音，只是不知道為什麼伴隨著很大聲的電子雜音，隔了幾天，雖然不會因為雜音而頭痛，但是跟胖咪講話的時候，常常都有種被壓迫的感覺。

那天我躺在地上跟胖咪還有春花哥聊天，胖咪突然一個坐正（雖然他坐正也是歪的），然後跟我說：「我要改名字！」

「蛤？為什麼？」

「一定是因為我的名字不好，所以大家不喜歡我！我改了名字大家就會喜歡我。」

「你哪裡來的靈感啊？」我一方面這樣跟他說，一方面也覺得自己是不是聽錯了，這個孩

子也太會講話了。轉頭看了哥一眼，哥只是用眼神示意我聽下去。

胖咪一臉正經地跟我說：「我不要叫『Mia』，我要叫『Amia』！」

我只覺得聽到了三小，想要好好地跟他解釋根本沒有必要改啊，然後春花就不慌不忙地說：「你聽到了。」

「へ……。

（我雖然發出了驚嘆聲，但沒人在意。）

到底我討不討人喜歡

後來再想想，胖咪真的是一個很彆扭的小孩，他其實一直都不太知道如何面對「喜歡自己的人，為何不會選擇自己」這件事，但是他眼前又有一個非常喜歡他的我，所以他有點搞不懂，自己到底惹不惹人喜歡？

胖咪後來又遇到一對夫妻很喜歡他，那對夫妻也跟他很有緣分，但是因為對方本來就無法養貓，只是因為喜歡這個孩子常來陪他，等到我們搬家又無法常見面後，胖咪進入一個很長的情緒低落期，他開始不太笑，變得愈來愈沒有耐心，更常常發脾氣，問一些很古怪的問題。

「我是不是長得不好看？」
「拜託！你超美的！」
初期他還會開心一會兒，後來就沒有什麼回應。
「是不是因為我腳不好，所以沒有人要我！」
「拜託，我要！我超想要！你要不要叫我媽媽？」
「不要，醜八怪。」
「可是醜八怪好喜歡你啊！」
「走開啦！」
我總是想辦法逗他開心。
「你養這麼多貓，你真的有喜歡我嗎？」
「我超喜歡你的啊，因為你長得漂亮，毛又超級好摸，講話又清楚，又會照顧弟弟妹妹，吃飯也乖乖，腳歪歪還可以跳很高，還會跟我一起睡覺，我一直想要你叫我媽媽啊！我好喜歡你唷！」

「不要啦！神經病！」

在那個情緒低落的半年間，我在內心決定要收養胖咪，雖然他自己的意願不高，但是讓他一直累積得失心，這個小孩不會更快樂，也不是我想帶給這個小孩的貓生，更不是我想要的關係。但是胖咪還是習慣叫我「ㄟ」，也還是會零星地問我一些很消極的問題。

最珍貴的生日禮物

日子繼續過，我們又搬了一次家，家裡有新的貓咪讓他照顧過，他喜歡的人又來看他。後來他喜歡的人來跟胖咪分享他們要結婚的消息，我訂做了兩個胖咪的抱枕給他們，再把這個畫面傳給胖咪，說不出來他快樂還是不快樂，但是我知道他有時候會想想這個畫面。

胖咪偶爾會問我：「我常常說我不喜歡你，你幹嘛還要喜歡我啊。」

「因為我就是好喜歡你啊！」

「神經病。」

「因為你全部都好可愛啊！如果你叫我媽媽，會更可愛。」

「腦袋壞掉唷！」

「喜歡你就是看到你心情好好，你全部我都好喜歡唷！」

胖咪開始會偷笑，我都會很識相地假裝沒看到，但是小花都會很開心跟姊姊一起跑跑，我知道他們會一起開心。

之前的每年生日，我唯一會做類似很儀式的慶祝，就是認真地問胖咪：「你要不要叫我媽媽，當作給我的生日禮物啊？這個禮物我超級想要的啊！」當然最後都會被拒絕，但是我每年都還是相當興致勃勃地，抓準他心情好的時間問他，直到前年，我生日最後幾個小時，胖咪又來床上找我睡，我問他：「你要不要當我親親愛愛的寶貝女兒，媽媽好愛你，你要不要叫我媽媽啊？」

「媽媽。」

「啊？你講什麼？」

「媽媽。」

「寶貝，你講『媽媽』嗎？」

「對啊，媽媽！」

「那你再講一次！」

「媽媽。」實際上我當天晚上大概叫他講了一百次吧！

難得他沒殺我，我還很認真跟他說：「早上起來不要忘記，我是『媽媽』唷！」他嫌我囉唆，叫我快點睡。

現在胖咪是「媽媽」跟「ㄟ」都會叫我，雖然還是「ㄟ」偏多，但是我知道在他心裡，我是媽媽了。

胖胖就是最美的月亮

他願意接納我，也願意接納某部份的自己，這是一條漫長的路，因為當他面對關係，發現自己的付出跟回報不成正比的時候，他其實是會計較的，但是他也不喜歡自己的計較心。心痛太真實，就會發脾氣或否定自己，因為他覺得自己是一個不完整的狀態來到我身邊的，所以設想我有一天也會跟其他人一樣，因為他的不完整而拋棄他。

那時候，我會帶他去看各種月亮：新月、滿月跟下弦月，我跟他說：「胖咪啊，你跟月亮一樣，不管你是哪一種月亮，在黑暗中，媽媽一抬頭就會看見你，雖然你有時候瘦瘦的，有時候胖胖的，有時候歪歪的，或是有時候被遮著不完整，你都是亮亮的月亮。」胖咪喜歡這個說法，但是他會常常忘記看月亮，我就會提醒他。他真的是我生命中的月亮，超越各種型態的他，讓我思考關於貓，我現在還能做什麼，就不會再用舊模式去整理現在的關係。

胖咪從去年開始，骨刺變得很嚴重，我把家裡他會去的地方，都做了一些調整，他很滿意，但他都不說，還是一個驕傲的小月亮，很美、很雞歪，很是我家小孩的樣子！媽媽愛你啊，臭胖咪！

Chapter

4

掰掰，好好再見！

每一次，
我都會更細緻地陪伴自己通過這樣的旅程，
別擔心！你有我，
未來的路上，
我們一起相伴吧！

練習說再見①
堅強的媽寶
「污泥」是邵庭的第一個狗兒子，超級媽寶，幾乎每天都緊緊黏著邵庭。
污泥～媽媽去日本出差囉！
飛吻
要乖乖的！要聽保母的話喔！
我會很乖很乖等你的！
家裡的大家都還好吧？
都很好喔！
保母
只是污泥感覺有一點容易累耶？
可能是因為最近他變胖了點，再請你幫我注意一下～
那次尋常的出差，沒想到污泥卻出了狀況……
變胖…？
原封 不動
但污泥都沒吃啊？好像不太對勁呢…
嗚嗚…

一切發生得如此突然……保母緊急將污泥送醫發現，
他的肚子裡，有一顆巨大的腫瘤。
春花媽，污泥因為腫瘤送去醫院了，可以拜託幫我陪著他嗎？
好，你別緊張！我馬上趕過去！
污泥，媽媽正在趕回來了，你想等媽媽回來再開刀嗎？
還是要現在開刀呢？
由於污泥的腫瘤可能破裂，要不要動手術的決定，分秒必爭。
開刀……？
為了讓你活下去，必須打開肚子，拿出讓你不舒服的東西。
但是你也可能在打開肚子的時候死掉……

我不會死掉！不會喔！
我想要看媽媽，我要開刀！
手術順利結束，術後一星期，邵庭沒日沒夜陪伴著汙泥。
媽媽…媽媽你回來了…
污泥加油，媽媽會一直陪著你的！
終於了度過術後危險期，以為可以回家慢慢恢復……
污泥媽媽…
目前狀況還好嗎，醫生？
污泥的癌細胞還是擴散了，目前你可以考慮要不要做化療，
咦…？
畢竟做化療也是很辛苦的…也可以選擇不做處置。

春花媽，我考慮好了，我要讓污泥積極治療！
嗯嗯好的
想請你幫忙和他解釋這件事，我會和他一起努力！
污泥啊，以後會用「化療」來治療你的身體，這可能會讓你的毛變比較少，
也可能身體會虛弱，容易吐。這樣你可以嗎？
你還是會一樣帥喔！
只要是媽媽說的，媽媽所希望的，我都好！
我會努力！
真的是最強媽寶！
雖然一開始的療效還不錯，但隨著時間拉長，
嗚嗚……
虛弱
污泥的狀況不可避免的，愈來愈差了……

如果我早點發現就好了…選擇化療真的是好的嗎…
讓他這麼辛苦…可是我不想要污泥離開我…
媽媽……
春花媽媽，我有事情想跟媽媽講。
你也要在，可以嗎？
好呀！
不過污泥是想要說些什麼呢…？
那你要來找我們喔！
記得喔！

練習說再見②
掰掰遊戲
依約前來見面
我來找你啦，污泥！
來幫你跟媽媽聊天！
那個⋯⋯邵庭你以前有一次折到他的手？
嗯？有嗎？
他說：「我原諒你囉！」
以前弄過他的指甲，原諒你囉！
把我喜歡的點點床丟掉，原諒你囉！
你讓＊妹妹污吶吃比較多，也原諒你！
還有⋯⋯
唉唷！你叫春花媽來就是要講這些事嗎？跟媽媽秋後算帳啊！
污泥也記得太多細節了吧！哈哈！

媽媽……
你以後會因為我討厭醫院嗎……
現在你會哭，以後我不見，你也會一直哭嗎？
污泥說，怕你的心被掏空一塊，
怕你一直哭，也會生病。
嗚嗚
嗚嗚
啼啼
哭哭
如果讓他很擔心，
他會想要在你們睡覺的時候走。
也許…媽媽可以跟我一起玩「掰掰遊戲」？
掰掰遊戲？
掰掰
掰掰
掰掰
嗯，等我們學會，
媽媽就不會哭了！
污泥，你們練習掰掰遊戲，
等你覺得媽媽和爸爸練習夠了，表現不錯的話，
可以讓他們陪你一起走嗎？
好！

他們開始無時無刻練習掰掰遊戲……
掰掰！
污泥！
掰掰！
污泥！
掰掰！
TOILET
掰掰！
掰掰！
污泥一起來睡覺！
今天我們也做了很多次練習耶～
污泥，從開刀到現在你一直好勇敢，化療也都好勇敢！
媽媽很謝謝你，是媽媽不夠勇敢……

那…媽媽，如果之後我走路搖搖晃晃，也吃不下東西，
你不要覺得我好可憐，覺得我要不見了。你不要哭。
我不會哭，我們不是在做掰掰練習了嗎？
就算污泥死掉，也不是不見，對不對！
你上次說還會再回來，那你想要變成什麼樣子回來？
我下次回來，還要當大兒子！
這樣才能陪媽媽最久最久！
哈哈，你再回來就不是大哥了啦！
你好可愛，我們睡覺吧~

……媽媽，掰掰。
春花媽媽，我今天和媽媽也做了很多次練習喔。
真的？那你媽媽表現怎麼樣呢？
媽媽他沒有一直哭了，
而且，我也沒有很害怕喔。
你好棒！
污泥，你真的很棒喔！

練習說再見③
你會回來
幾日後的半夜，污泥痛苦地喘著氣……
邵庭給了污泥一顆嗎啡，哄他入睡。
污泥呀，吃了嗎啡，好好睡吧……
媽媽會一直在你身邊的。

污泥，辛苦你了…謝謝…
掰掰。

總有一天，
我們會面對動物孩子生病、離去的事實。
在這邊要跟大家說件事，
污泥前幾天已經離開了…
天啊！怎麼會！
RIP……
邵庭要堅強喔…
污泥Q_Q
比起第一次失去霉霉時的崩潰，
這次，因為有和污泥練習掰掰遊戲，
大哭
嚎啕
嗚嗚…
霉霉…
霉霉…
※邵庭的第一隻貓
我稍微了解到，沒有遺憾的道別是什麼感覺了。
我沒有逞強喔，我覺得很圓滿。
我和污泥一起好好面對這件事情了。
你很難過吧…
不要逞強喔！
我們都會陪你的> <
想哭就哭吧…

與其抗拒接受，或是埋怨。
他說要和你玩掰掰遊戲
不如好好地和孩子一起學習面對這個事實。
如果你不相信動物溝通，也沒關係的。
掰掰 媽媽
掰掰 污泥
掰掰
還是要找到自己的方式去接受疾病與離別。
動物對死亡的態度比我們泰然，
如果他們害怕，那是因為我們不能接受。
嗚嗚 霉霉…
我不要 霉霉…
和疾病相處要保持平常心，雖然它並不平常。
今天很棒呢！
吃飯
努力
可以討厭疾病，但不要否定疾病，
不然也是在否定孩子。

就算結局終會是死亡，但有很多路可以選。
找到照顧者和動物之間都能接受的平衡點，沒有絕對的對錯。
最近都還好嗎？
很好唷！
我覺得昨天污泥有來耶！
是喔！那你有沒有聽他說什麼？
他好像說，他可以回來了！
唉唷！哪有這麼快！不愧是媽寶吼！
把好的事情放大、擴散，讓自己更有力量地面對整個過程吧。
媽媽
我愛你
那重逢的一天，會到來的。

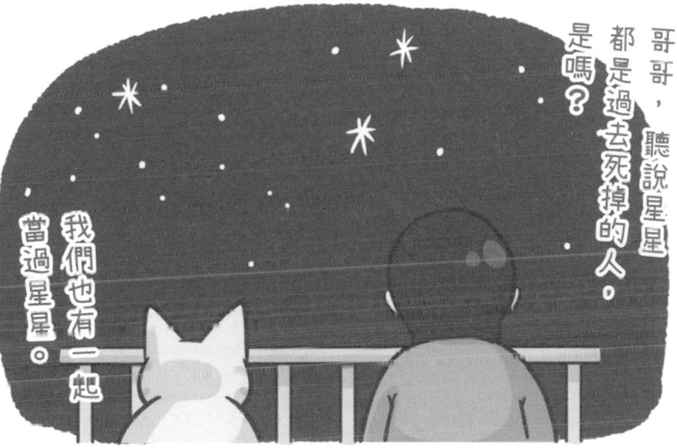
哥哥，聽說星星
都是過去死掉的人，
是嗎？
我們也有一起
當過星星。

兒老闆的浪漫

#相約一起在夜空重逢

春花媽有話想說

我們一起練習好好說掰掰

人生有幾個時刻覺得離死亡很近，有一次是我在海洋中溺水（因為我真的很常溺水），身體愈來愈僵硬，但是意識還是清楚的，一方面知道浪太高了求救沒用，二方面又想說此時不是應該有一堆回憶跑出來嗎？但是卻又一邊想著，家中的小孩要怎麼處理比較好……。

此時一個浪又將我壓入水裡，肺進水後的痛感開始蔓延到意識，不過幸好被及時抓起來，沒死。我跟春花報了平安，他只回答我：「謝謝海洋。」

「謝謝海洋。」

貓大仙給予的人生功課

你人生有幾個時刻是準備赴死的呢？我是現在才開始練習。「死亡是一件雖然知道，但是不想學習的事情。」以前，在培養我們的文明之中，死亡跟痛苦太接近，或是跟痛苦太過糾纏，如果要痛又要死，可以稱為「過痛」！當我對死亡有諸多的計較，一分也不想退讓，然後貓大仙（就是我心中的老天爺）就會給我很多的學習，直到我心中的柔軟可以與彈性相接。

我救起一些生命過，所以會真心地以為我可以，因為當你的手可以掙脫死亡的陰影時，你會不斷期待自己能更神奇地拯救更多生命，但是貓大仙不是這樣想的。貓大仙給的第一段功課，我做得非常痛苦，非常非常地痛苦，即便我已經獲得比較多的機會、比較多的時間去調適，但是我中途的三位貓咪，因為垂直感染的FIP，陸陸續續離開的時候，我在想：「為什麼我做不到？」「我少做了什麼？」「我哪裡做錯了？」

因為我打結很久，所以一直都沒有新的功課送上門，我一直在「覺得自己有錯的漩渦裡」來回翻滾。有時候漩渦會變成漣漪，親柔地層層撫過我身體的時候，我可以哭得小力一點，但我還是想問自己：「為什麼努力沒有用呢？」大家也許會想，春花那時候在幹嘛？當然是在罵我啊，但是眼前有門，你把它想像成關著的時候，就算鑰匙在手上，自己還是打不開的。幸運的是，溝通的工作變穩定，離世溝通的案例變多，我在陪每一個家長經歷不一樣的風景時，心中堅固的枷鎖開始有了縫隙，我也在某些瞬間踏到門的另一邊，感受不一樣的

空氣後，發現自己其實是能好好呼吸的。

春花：「死亡沒有分離過我們。」春花媽：「但是痛苦很痛啊……」春花：「你選擇痛那你就痛死吧。」我會在心裡吶喊：你到底是不是我親生的啊，但是我知道我沒那麼痛，我也開始理解，痛跟死亡其實有距離，如果我痛苦的時候，已經能在某一個程度上理解痛與死亡的距離，也許，我在想也許，我不會覺得死亡跟痛苦是一樣殘酷的……或許可以說，我在練習更溫柔的思考。

痛苦只是其中的一個選項

朋友因為救助無門，只好把從屋簷掉落下來、未開眼的幼貓送來我家請我幫忙。我慌亂地買了一堆幼貓的東西，然後接下比我手掌還要小的幼貓。他連吸奶都會嗆到，自己的鼻水堵住了呼吸，然而二十四小時的醫院不願意收，請我們自己加油，我只能好好陪著這個孩子呼吸跟喝奶。

那天很冷，小孩的身體也愈來愈冷，就算暖暖包的溫度很暖，卻再也傳遞不過去。

清晨我傳訊息給朋友說小貓走了，然後打電話給葬儀社，請他們過來接小貓。小貓很小很小的身體很快地在我手裡僵硬了，我輕輕地傳遞我的祝福，並謝謝他的努力。我沒想到自己會這麼沮喪，我只是跟他說：「謝謝你陪我一晚，還有你真的超努力想活下，我知道，我知道你放棄的那一個呼吸，是因為你覺得可以了。阿姨現在才跟你說掰掰。」

「掰掰。謝謝你，會說貓話的阿姨。」「謝謝你，願意回應我的寶寶，謝謝你，掰掰。」盒子很大，貓咪很小，但是我在交付這個死亡的時候，沒有沉溺太久。「你覺得努力有用嗎？」春花邊洗手邊問我。我攤在沙發上說：「沒用。」

「那你有用嗎？」

「有，我有用，我很棒。」

春花走過來趴在我頭上：「嗯，你很有用。」

我們都沒有哭，我知道自己經歷了什麼，與有用無用沒什麼關係，在好好相陪的路上，我們都完成了。疼痛雖然可能是死亡的一部分，但是死亡只是死亡，小貓最後幾口呼吸是順暢的，他很舒服，我也舒服了起來。這應該是我第七還是第八個功課，我忘了……反正貓大仙沒什麼讓我閒著，只是我開始順暢地解離痛苦與死亡的關係，

理解陪伴的過程可能會有生，也會有死，痛苦只是一個選項，但是並不會蔓延生命的全部，我也不應該讓他變成生命最後一段主要的色彩，否則我的美感就太單一了……。

點點星光下好好地陪伴

其實關於離別，我不知曉什麼大道理，因為自己也在面對生命中的死亡。

這本書付梓時，二姐是什麼狀態我一定也無法預測。每一個醫生都會告訴我：「老腎貓會有突如其來的變化唷、通常都只能支持治療唷、你要準備好唷。」「到底要準備三小啦！」真的很想吼醫生，但是我家還有七位動物家人要看醫生，我還是乖一點好。

我跟歐歐說，有一位作家提過：「離別是一點點的死亡。」歐歐說：「他是看到星空，才這樣說嗎？」谷柑：「不對啦，死亡是一片的，是一片安靜的沙漠，喊過去都沒有回音。」歐歐：「我不相信，你死了不會講話。」谷柑一驚：「我、我、我會講話，我還想講話給你聽，再寫一首是你的詩。」我說：「OK，你現在就可以閉嘴了。」谷柑一股腦地又要躺在我身上。

歐歐把頭枕在我的肩膀上：「媽媽，那個人可能是練習死掉很多次了，他每次都有練習說『掰掰』，後來就很會說掰掰了，因為他知道，星空是黑黑的，但是是連在一起的，看不見的地方，我跟媽媽還是牽著手的。」

這句話剛好適合哭了，黑黑的夜，眼淚也是黑色了。想起在談安樂死的時候，歐歐說：「我們是要一起看星星，找黑暗的光，然後往那個光去，等到我變成光的時候，我會照著你，等你走過來，因為我教過你，所以你會找到我，痛痛不會擁有我，也不會擁有你的。」

他記得自己死亡的樣子，對他來說是某一個太陽升起時會發生的事情，因為媽媽我忘記的太多，但他會如常地守護我，這是我們會相遇的原因。我一邊想著這些事情，歐歐一邊舔著我的頭髮，谷柑安靜地聞著我們。

關於離別，我知曉的不多，但是我能陪伴你們。透過這本書、透過粉絲頁、透過有緣的溝通，願累積點點星光，讓我們在這樣的時刻，還能邊哭邊好好呼吸。

貓，請多指教 4

喵喵就是正義！

作者 Jozy、春花媽
編劇 張毓軒、滴
編輯 吳雅芳
校對 吳雅芳、黃子瑜、Jozy、春花媽
題字 馬該
封面設計 Jozy
美術設計 劉錦堂、吳靖玟

發行人 程顯灝
總編輯 呂增娣
編輯 吳雅芳、洪瑋其、藍勻廷
美術主編 劉錦堂
美術編輯 劉庭安
行銷總監 呂增慧
資深行銷 吳孟蓉
發行部 侯莉莉
財務部 許麗娟、陳美齡
印務 許丁財
出版者 四塊玉文創有限公司

總代理 三友圖書有限公司
地址 106台北市安和路2段213號4樓
電話 (02) 2377-4155
傳真 (02) 2377-4355
E-mail service@sanyau.com.tw
郵政劃撥 05844889 三友圖書有限公司

總經銷 大和書報圖書股份有限公司
地址 新北市新莊區五工五路二號
電話 (02) 8990-2588
傳真 (02) 2299-7900

製版印刷 卡樂彩色製版印刷有限公司

初版 二〇二〇年十月
定價 新台幣三二〇元
ISBN 978-986-5510-36-7（平裝）

SANYAU
http://www.ju-zi.com.tw
三友圖書
友直 友諒 友多聞

廣　告　回　函
台北郵局登記證
台北廣字第2780號

地址：　　縣/市　　鄉/鎮/市/區　　路/街

段　巷　弄　號　樓

SANYAU

三友圖書有限公司 收

SANYAU PUBLISHING CO., LTD.

106　台北市安和路2段213號4樓

SANYAU
三友圖書
讀書俱樂部

「填妥本回函，寄回本社」，即可免費獲得好好刊。

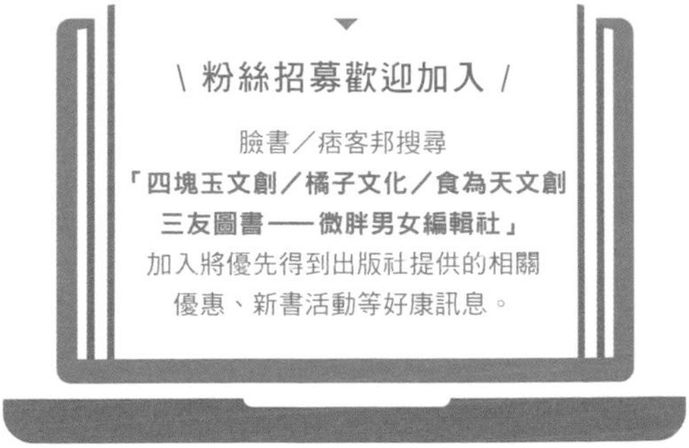

四塊玉文創╳橘子文化╳食為天文創╳旗林文化
http://www.ju-zi.com.tw
https://www.facebook.com/comehomelife

【黏貼處】對折後寄回，謝謝。

親愛的讀者：
感謝您購買《貓，請多指教 4：喵喵就是正義！》一書，為感謝您對本書的支持與愛護，只要填妥本回函，並寄回本社，即可成為三友圖書會員，將定期提供新書資訊及各種優惠給您。

姓名＿＿＿＿＿＿＿＿＿＿ 出生年月日＿＿＿＿＿＿＿＿＿＿
電話＿＿＿＿＿＿＿＿＿＿ E-mail＿＿＿＿＿＿＿＿＿＿
通訊地址＿＿＿＿＿＿＿＿＿＿
臉書帳號＿＿＿＿＿＿＿＿＿＿
部落格名稱＿＿＿＿＿＿＿＿＿＿

1 年齡
□ 18 歲以下 □ 19 歲～ 25 歲 □ 26 歲～ 35 歲 □ 36 歲～ 45 歲 □ 46 歲～ 55 歲
□ 56 歲～ 65 歲 □ 66 歲～ 75 歲 □ 76 歲～ 85 歲 □ 86 歲以上

2 職業
□軍公教 □工 □商 □自由業 □服務業 □農林漁牧業 □家管 □學生
□其他＿＿＿＿＿＿＿＿＿＿

3 您從何處購得本書？
□博客來 □金石堂網書 □讀冊 □誠品網書 □其他＿＿＿＿＿＿＿＿
□實體書店＿＿＿＿＿＿＿＿＿＿

4 您從何處得知本書？
□博客來 □金石堂網書 □讀冊 □誠品網書 □其他＿＿＿＿＿＿＿＿
□實體書店＿＿＿＿＿＿＿＿＿＿
□ FB（四塊玉文創／橘子文化／食為天文創／三友圖書 - 微胖男女編輯社）
□好好刊（雙月刊） □朋友推薦 □廣播媒體

5 您購買本書的因素有哪些？（可複選）
□作者 □內容 □圖片 □版面編排 □其他＿＿＿＿＿＿＿＿

6 您覺得本書的封面設計如何？
□非常滿意 □滿意 □普通 □很差 □其他＿＿＿＿＿＿＿＿

7 非常感謝您購買此書，您還對哪些主題有興趣？（可複選）
□中西食譜 □點心烘焙 □飲品類 □旅遊 □養生保健 □瘦身美妝 □手作 □寵物
□商業理財 □心靈療癒 □小說 □其他＿＿＿＿＿＿＿＿

8 您每個月的購書預算為多少金額？
□ 1,000 元以下 □ 1,001 ～ 2,000 元 □ 2,001 ～ 3,000 元 □ 3,001 ～ 4,000 元
□ 4,001 ～ 5,000 元 □ 5,001 元以上

9 若出版的書籍搭配贈品活動，您比較喜歡哪一類型的贈品？（可選 2 種）
□食品調味類 □鍋具類 □家電用品類 □書籍類 □生活用品類 □ DIY 手作類
□交通票券類 □展演活動票券類 □其他＿＿＿＿＿＿＿＿

10 您認為本書尚需改進之處？以及對我們的意見？
＿＿＿＿＿＿＿＿＿＿＿＿＿＿＿＿＿＿＿＿

感謝您的填寫，
您寶貴的建議是我們進步的動力！

【黏貼處】對折後寄回，謝謝。

超萌推薦

心中住了一隻貓：
我們和貓一起的日子

作者：葉子

定價：350元

用貓的態度過日子，即使忙碌也要步調從容；用貓的哲學處世，不迎合外界世俗；用貓的好惡分明，沒得商量也絕不妥協。貓住進家裡，住進心裡，也住進一起生活的日子裡。

當愛來臨時，我與我的貓老師

作者：蘿莉·摩爾

譯者：劉怡德

定價：360元

一位信任神聖大地的動物溝通師、一隻充滿靈性的貓咪，彼此惺惺相惜，即使跨越生死也心靈相繫，成就一段動人的故事。跟著此書一同體會，與動物間無條件的愛與信任。

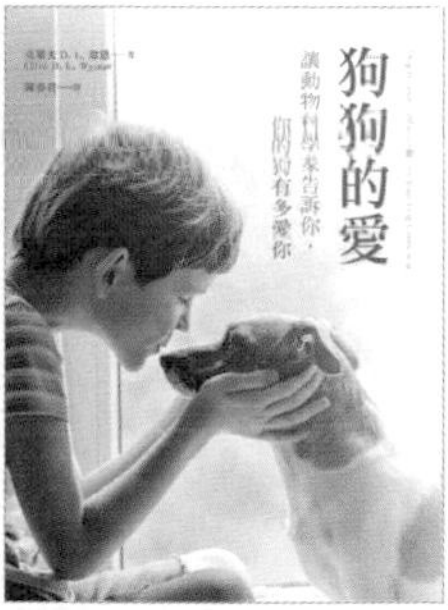

狗狗的愛：讓動物科學家告訴你，
你的狗有多愛你

作者：Clive D. L. Wynne

譯者：陳姿君

定價：380元

為什麼你的狗狗老是盯著你看？為什麼你的狗狗如此愛著你？著名犬隻行為科學家用最清楚的方式、最有力的論證，帶領你從內而外明白狗狗的行為與思考，讓你更愛你的毛寶貝！

我的貓系生活：有貓的日常，讓我們更懂得愛

作者：露咖佩佩

定價：350元

不論是忙著端出肉泥的奉餐時間，還是揉揉按按討主子歡心的午後，又或是和貓的遊戲時刻，因為家中有了你們，貓系生活的空氣中，就會充盈陽光般的溫暖與幸福。

CATISS
寧靜閱讀
四塊玉文創獨家優惠
購買藍貓組結帳頁面輸入序號 SANYAU199
即享有199元折價
即日起～11/30
限量品
CATISS
BLUE CAT CHAMOMILE
MOISTURIZING MASK
X6 PIECES
CATISS
CATISS
(原組合優惠價:799元)
寧靜藍貓掌護唇膏x1支
寧靜玻尿酸洋甘菊面膜x6片
專屬產品頁
(限台灣地區，訂單可加購其他品項，滿$1200免運)